이상한 과학책

이상한 과학책

엉뚱한 호기심에서 시작되는 유쾌한 과학 교양

김진우(은잡지) 지음
최재천 감수

빅피시
BIG FISH

프롤로그

작은 호기심이 큰 발견으로 이어지는 즐거운 과학 여행

 드넓은 바다와 시원한 파도를 보며 모래사장을 걷고 있으면 그 순간만큼은 근심 걱정이 모두 사라집니다. 신발을 벗고 모래를 밟으면 자연의 일부가 된 것 같죠. 수많은 방문객이 찍어놓은 발자국은 '인간이 지구에 남겨놓은 흔적이란 이런 것일까?' 하는 생각을 하게 만듭니다.

 해마다 6~8월이 되면 암컷 바다거북은 바다에서 나와 모래사장에 알을 낳습니다. 그리고 두 달 정도 지나면 새끼가 알을 깨고 나와 모래사장에서 바다로 돌아가죠. 바다거북에게 가장 위험한 시기가 바로 이때입니다. 바다로 돌아가는 과정에서 다양한 포식자가 나타나 바다거북을 잡아먹습니다. 이것은 자연의 섭리이며, 생태계가 유지되기 위한 불가피한 과정입니다. 마음 같아선 바다거북이 모두 바다로 돌아갈 수 있게 도와주고 싶지만, 이렇게 인간이 자연에 개입한다면 생태계의 균형이 깨져 이후 더 큰 문제가 발생할 수 있습니다. 이런 이유로 인간은 절대 자연에 개입해서는 안 된다고 말하곤 하죠.

새끼 바다거북이 바다로 돌아갈 때 우리가 찍어놓은 발자국 역시 큰 걸림돌이 됩니다. 우리가 발자국을 찍으면 모래사장이 움푹 파이는데, 새끼 바다거북에게는 이것이 커다란 함정이 되기 때문입니다. 발자국 함정에 빠진 새끼 바다거북은 아무리 노력해도 그곳에서 빠져나오지 못하고, 결국 바다로 돌아가지 못한 채 죽게 됩니다. 새끼 바다거북의 사례를 보면 '우리는 존재만으로 이미 자연에 개입하고 있는 것 아닐까?' 하는 생각이 듭니다.

《이상한 과학책》에는 인간이 자연에 개입했을 때 어떤 일이 발생하는지, 반대로 인간이 자연에 개입하지 않았을 때 어떤 일이 일어나는지에 대한 내용이 담겨 있습니다. 책을 읽으며 여러분은 어떤 의견인지 스스로에게 물음을 던져봐도 좋고, 주위 사람들과 이야기 나누며 토론해봐도 좋습니다. 과학에 대한 관심은 거창한 접근 방법이 필요한 것이 아니라, 이렇게 사소한 궁금증부터 시작할 때 더욱 커지기 때문입니다.

이러한 궁금증과 탐구의 자세는 지구에 살고 있는 다양한 생물을 이해하는 데도 필수적입니다. 약 45억 년 전 지구가 만들어지고 다양한 생물이 탄생했습니다. 지구는 생명체가 살아가기 가장 좋은 환경으로 알려져 있지만, 극한의 더위와 혹독한 추위가 이어지며 살기 어려운 시기도 있었습니다. 하지만 수많은 생물이 이런 환경에 적응하고 진화하며 각자의 무기로 견뎌냈습니다. 이 과정에서 우리 같은 인간도 탄생하게 되었죠. 인간과 동물을 다르게 구분하곤 하지만 결국 인간도 동물의 일종, 자연의 일부입니다. 그래서 동물을 탐구하다 보면 인간과 닮은 점이 참 많이 보이고, 이들의 생활 방식이나 생존 기술을 인간이 배우고 적용하기도 합니다.

지구의 실질적 지배자는 인간이라고 말하지만 지구는 인간만의 것이 결코 아닙니다. 따라서 우리는 지구에 존재하는 다양한 생물과 함께 살아갈 수 있는 방법을 찾아야 합니다. 그러기 위해서 이들을 존중하고, 이들에 대해서 공부하고 이해하려는 노력이 필요합니다. 친구와 더 친해지기 위해서는 친구에 대해 더 많이 알아야 하는 것처럼 말이죠. 《이상한 과학책》이 지구에 존재하는 다양한 생물에 대한 관심과 과학에 대한 생각을 깨우는 연결 고리가 되었으면 좋겠습니다.

이 책은 다양한 주제로 여러분들을 맞이하고 있습니다. 주제의 공통적인 부분을 묶어 여섯 개의 장으로 구분했지만 반드시 처음부터 순서대로 읽을 필요는 없습니다. 평소 궁금했던 주제나 특별히 흥미로운 주제가 있다면 그 부분부터 먼저 읽는 것도 하나의 방법이 될 수 있습니다. 누군가에게 퀴즈를 내며 책을 읽어주는 것도 독서를 즐기고 과학에 흥미를 느낄 수 있는 좋은 방법이 될 것입니다.

《이상한 과학책》은 저의 전작인 《엉뚱한 과학책》과 제가 운영하고 있는 유튜브 채널 〈은근한 잡다한 지식〉을 향한 많은 분의 관심과 사랑 덕분에 탄생할 수 있었습니다. 과학을 잘 모르는 사람도 이해할 수 있도록 쉽게 전달하고자 하는 저의 노력이 빛을 보는 순간이고, 저의 방식이 틀리지 않았다는 것을 증명하는 책이기도 합니다.

책을 출간하는 데 가장 큰 용기를 주신 빅피시 이경희 대표님과 《이상한 과학책》에 많은 노력을 쏟아주신 빅피시 직원분들께 감사 인사를 드립니다. 《엉뚱한 과학책》에 이어 이번에도 귀여운 일러스트로 저를 놀라게 해주신 유혜리 작가님께도 감사 인사를 드립니다. 특별히 이번에는 제가 존경하는 최재천 교수님께서 감수를 맡아주셨습니다. 멀리서 우러러보던 최재천 교수님과 이렇게 연결될 수 있다는 점이 저에게는 큰 영광입니다. 이 책이 여러분에게 과학의 재미와 자연에 대한 새로운 시각을 선사하길 바라며, 작은 호기심이 큰 발견으로 이어지는 즐거운 여행이 되기를 희망합니다.

차례

프롤로그 작은 호기심이 큰 발견으로 이어지는 즐거운 과학 여행 • 4

PART 01 우리가 몰랐던
신비로운 인체의 메커니즘

태아도 엄마 뱃속에서 똥을 쌀까? • 15
왜 어떤 주사는 팔에 맞고, 어떤 주사는 엉덩이에 맞을까? • 18
딸꾹질을 멈추는 가장 획기적인 방법은? • 21
오늘 먹은 음식은 언제 똥이 되어 나올까? • 25
교정기를 하면 어떤 원리로 이가 가지런해질까? • 29
라식, 라섹을 하면 어떻게 시력이 다시 좋아지는 걸까? • 33
오늘부터 양치를 하지 않으면 벌어지는 일은? • 37
계속 물구나무서기를 하고 있으면 어떻게 될까? • 41
내시경을 할 때 제거하는 용종이란 대체 뭘까? • 47
머릿속 해마를 제거하면 어떻게 될까? • 50

PART 02 불가능을 가능하게 만드는 동물들의 생존 기술

죽지 않고 영원히 사는 생물이 있다고? • 57
산소가 없으면 식물로 변하는 동물이 있다고? • 61
물 없이 30년을 생존하는 지구 최강 생명체는? • 65
강제로 숙주의 성별을 바꿔버리는 기생생물이 있다고? • 69
펭귄은 어떻게 동상에 걸리지 않는 걸까? • 72
지렁이는 반으로 잘리면 정말 두 마리가 될까? • 78
카멜레온은 어떻게 몸 색깔을 마음대로 바꾸는 걸까? • 82
전기뱀장어가 화나면 물속 생물들은 다 죽을까? • 86
동물인데 광합성을 한다고? • 91
여우가 눈 속으로 다이빙하는 놀라운 이유는? • 96
짝짓기 검투에서 패배하면 암컷이 된다고? • 101

PART 03 살아남기 위해 몸을 바꾼 진화와 적응의 마술사들

넙치의 얼굴은 어쩌다 이 모양이 되었을까? • 107
믿을 수 없는 모습으로 춤을 추는 새의 비밀은? • 112
거북이의 등 껍데기 속에는 뭐가 들었을까? • 116

애벌레가 뱀으로 변신한다고? • 120
알고 보면 슬픈 도마뱀 꼬리 재생의 비밀은? • 124
심해어는 왜 이렇게 못생겼을까? • 128
동물의 겨울잠을 깨우면 어떻게 될까? • 132
날치는 왜 굳이 하늘을 나는 걸까? • 137
판다의 눈에 얼룩이 있는 놀라운 이유는? • 141
박쥐는 똥도 거꾸로 매달려 쌀까? • 144
달고 몸에도 좋은 똥이 있다고? • 148
물고기의 눈은 옆에 있는데, 어떻게 앞을 보는 걸까? • 152

PART 04 생태계가 만들어낸 믿을 수 없는 환경 이야기

고래가 바다 전체를 먹여 살린다고? • 159
동물들이 싼 똥은 어떻게 처리될까? • 164
산 중턱의 연못에는 어떻게 물고기가 있을까? • 169
호주는 왜 토끼와 전쟁을 벌였을까? • 173
5cm 노란전갈이 아마존 독사보다 무서운 이유는? • 179
순록의 떼죽음이 경이로운 결과를 불러왔다고? • 184
인간을 믿었다가 멸종해버린 새가 있다고? • 189
왜 바다거북은 암컷만 태어나고 있을까? • 194
빅토리아 호수의 물고기는 다 어디로 갔을까? • 199

PART 05 세상에서 가장 신기한 작지만 강한 곤충의 비밀

인류는 왜 모기를 멸종시키지 않는 걸까? • 207
죽었는데 살아 있는 좀비 개미가 있다고? • 212
벌집이 육각형인 과학적인 이유는? • 216
벌레는 왜 빛을 향해 모여드는 걸까? • 221
절대 죽이면 안 되는 모기가 있다고? • 225
사람의 집을 박살 내는 곤충이 있다고? • 229
짝짓기를 위해 목숨까지 거는 동물이 있다고? • 234
매미는 자기 울음소리가 시끄럽지 않을까? • 237
인간보다 수학을 잘하는 동물이 있다고? • 242
초파리는 어디서 계속 생겨나는 걸까? • 247
나방을 만지고 눈을 비비면 진짜 실명될까? • 250

PART 06 동물의 일상에서 발견한 놀라운 과학 상식

조개는 어떻게 진주를 만들어내는 걸까? • 257
스컹크의 방귀 냄새는 얼마나 지독할까? • 262
방울뱀의 꼬리에는 대체 뭐가 들었을까? • 266
물고기 떼는 왜 서로 부딪지 않을까? • 270
거미도 자기 거미줄에 걸릴까? • 274
똥을 먹으면 생존에 유리하다고? • 278
라쿤이 솜사탕을 씻어 먹은 충격적인 이유는? • 282
앵무새는 어떻게 사람의 말을 하는 걸까? • 286
장례식을 치르는 동물들이 있다고? • 290
고양이는 왜 상자를 좋아할까? • 294
미어캣은 우뚝 서서 대체 뭘 보는 걸까? • 297

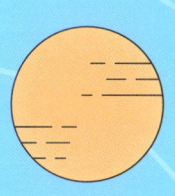

PART 01

우리가 몰랐던 신비로운 인체의 메커니즘

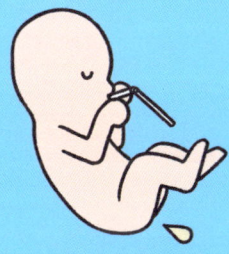

태아도 엄마 뱃속에서 똥을 쌀까?

 여성이 임신을 하면 뱃속에 태아가 만들어집니다. 태아는 엄마가 먹는 음식으로부터 영양분을 받아 자라며 약 40주 동안 엄마 뱃속에 머물다 세상 밖으로 나오죠. 이때 태아가 엄마에게 영양분을 공급받는 통로가 탯줄과 태반입니다.
 엄마가 음식을 먹으면 음식은 소화 과정을 거쳐 분해되고 필요한 영양분은 몸에 흡수됩니다. 그중 일부는 태반과 탯줄을 통해 태아에게 전달되죠. 즉 태아는 소화 과정이 끝난 최종의 최종 물질을 전달받는 것입니다. 우리가 음식을 먹으면 필요한 영양분은 흡수되고 필요하지 않은 물질은 똥과 오줌이 되어 몸 밖으로 배출됩니다. 태아는 필요한 영양분만 전달받기 때문에 필요하지 않은 물질이 몸에 남지 않습니다. 다시 말해 똥과 오줌이 될 물질이 없어 음식에 의한 똥과 오줌은 만들어지지 않습니다.

태변이 만들어지는 과정

그렇다고 해서 태아가 오줌을 싸지 않는 것은 아닙니다. 태아는 엄마 뱃속에 있을 때 양수라는 액체에 둘러싸여 있습니다. 양수는 외부 충격으로부터 태아를 보호하고 체온을 유지시켜주는 역할을 하죠. 대부분이 물로 이루어져 있으며 단백질, 탄수화물, 전해질 같은 물질도 포함되어 있습니다.

태아는 수분이 부족하면 양수를 마시기도 합니다. 태아가 마신 양수는 전부 흡수되지 않고, 일부는 오줌이 되어 몸 밖으로 배출됩니다. 그런데 태아는 엄마의 뱃속에 있기 때문에 태아가 싼 오줌은 뱃속에 그대로 남게 됩니다. 다시 말해 태아의 오줌은 다시 양수가 된다는 것이죠. 그리고 수분이 부족하면 그 양수를 다시 마시기도 합니다. '그럼 위생상 안 좋은 것 아닐까?'라고 생각할 수 있지만 태아가 양수를 마시고 싼 오줌은 무균 상태이기 때문에 전혀 문제되지 않습니다.

우리가 생활하다 보면 각질이 떨어지거나 털이 빠집니다. 태아 역시 자라면서 피부 세포가 떨어지거나 털이 빠지죠. 이런 것들은 양수를 떠다니다 태아가 양수를 마실 때 같이 먹기도 합니

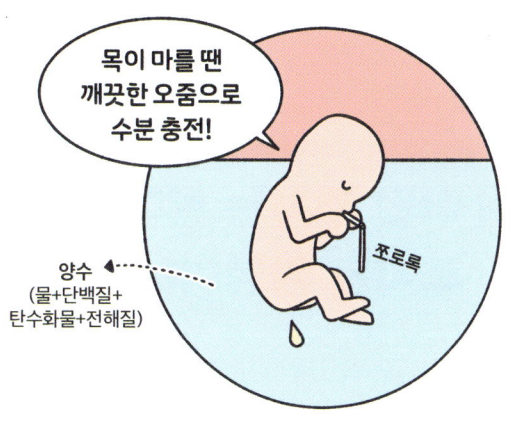

다. 그리고 태아의 장에 머물다가 점액이나 미처 배출되지 못한 양수와 합쳐져 끈적이는 어두운 초록색 물질이 됩니다. 이것이 바로 우리의 첫 번째 똥인 태변입니다.

태변은 태아가 세상 밖으로 나오고 시간이 조금 지난 뒤 싸게 되는데 별다른 냄새는 나지 않는다고 합니다. 때로는 태아가 뱃속에 있을 때 태변을 싸는 경우도 있습니다. 배출된 태변은 양수를 떠다니다가 태아의 폐 속으로 들어가기도 하는데, 이것을 태변 흡입 증후군이라고 하죠. 태변 흡입 증후군이 발생할 경우 출생 직후 호흡곤란이 생길 수 있기 때문에 초음파를 통한 꾸준한 관찰이 필요합니다. 만약 태아가 태변을 흡입하면 폐 세척을 통해 태변을 제거하는 방식으로 치료합니다.

왜 어떤 주사는 팔에 맞고, 어떤 주사는 엉덩이에 맞을까?

병을 예방하고 치료하기 위해 우리는 주사를 맞습니다. 주사는 약물을 몸속에 직접 넣기 때문에 흡수가 빨라 먹는 약보다 효과가 좋죠.

주사를 맞는 부위는 크게 피부, 근육, 혈관으로 나눕니다. 피부에 주사를 맞으면 약물이 먼저 피부에 흡수되고, 이후에 혈관을 타고 흐르기 때문에 주사 중에서 효과는 가장 느리게 나타나지만 부작용은 가장 적습니다.

피부는 표피, 진피, 피하지방으로 이루어져 있는데, 피부에 맞는 주사에는 진피에 맞는 피내주사와 피하지방에 맞는 피하주사가 있습니다. 항생제 반응 검사나 알레르기 검사를 할 때 피내주사를 맞으며, 일부 백신이나 당뇨병 환자에게 인슐린을 투여할 때 피하주사를 맞습니다. 피내주사나 피하주사는 약물을 진피나 피하지방에 투여하기 때문에 주사 부위는 크게 상관없지만, 주사를 놓는 사람의 입장에서 팔이 가장 안정적이기 때문에 팔에 맞는 것입니다.

근육에 맞는 주사는 근육주사라고 합니다. 근육에는 많은 혈관이 있어 피부에 맞는 것보다 효과가 더 빠르게 나타납니다. 여러 근육 중에서 엉덩이 근육이 누구나 잘 발달되어 있고 혈관이 많기 때문에 근육주사는 주로 엉덩이에 맞습니다. 엉덩이에는 다리 감각을 느끼고 운동을 조절하는 신경인 좌골신경이 위치해

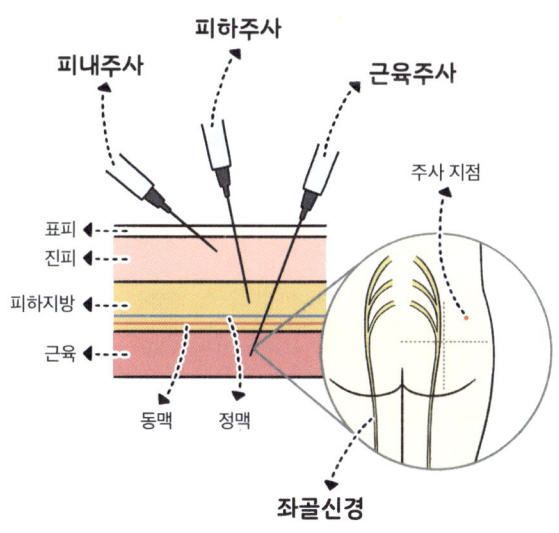

피부의 구조와 주사 방법

있습니다. 엉덩이에 주사를 잘못 놓으면 좌골신경이 손상될 수 있습니다. 그래서 좌골신경을 피해 엉덩이 한쪽을 네 곳으로 나눴을 때 가장 위쪽, 그리고 가장 바깥쪽 부위에 주사를 놓습니다.

코로나 백신이나 독감 백신, 진통제를 투여할 때도 근육주사를 맞습니다. 하지만 백신은 엉덩이가 아니라 팔에 있는 근육인 삼각근에 주사를 놓습니다. 백신은 여러 사람이 맞아야 해서 빠르게 진행되어야 합니다. 그런데 엉덩이에 맞으면 바지를 내리는 번거로움이 있어 시간이 더 오래 걸리죠. 그래서 팔에 맞는 것입니다. 또 12개월 미만의 아기는 엉덩이 근육이 충분히 발달되어 있지 않기 때문에 엉덩이에는 주사를 놓지 않습니다.

혈관에 맞는 주사는 정맥에 맞는 정맥주사와 동맥에 맞는 동맥주사가 있습니다. 혈관에 직접 약물을 넣기 때문에 효과가 아주 빠르게 나타나지만, 강한 성분으로 인해 부작용이 발생할 가능성이 있습니다. 그래서 정맥주사나 동맥주사는 수혈을 하거나, 수액을 맞거나, 응급 상황일 때 주로 맞습니다.

주사를 맞고 나면, 의료진이 어떨 때는 꾹 누르고 있으라고 하고 어떨 때는 문지르라고 말합니다. 꾹 누르고 있어야 하는 주사는 혈관주사입니다. 출혈이 생길 수 있어서 지혈을 위해 꾹 누르고 있어야 하죠. 문질러야 하는 주사는 근육주사입니다. 약물이 한곳에 몰려 있지 않고 골고루 퍼지게 하기 위함이죠. 결국 주사 부위와 방법은 모두 약물의 효과를 최대화하고 부작용을 최소화하려는 의학적 지혜에서 나온 것입니다.

딸꾹질을 멈추는 가장 획기적인 방법은?

 긴장하거나 갑자기 매운 음식을 먹거나 밥을 급하게 먹었을 때, 혹은 별다른 이유 없이 '딸꾹' 하면서 딸꾹질이 나오는 경우가 있습니다. 우리가 숨을 들이쉬면 폐의 부피가 늘어나 공기가 안으로 들어오고, 숨을 내쉬면 폐의 부피가 줄어들어 공기가 밖으로 나갑니다. 이때 폐의 부피를 조절해주는 근육이 바로 횡격막입니다.

 횡격막은 호흡 근육을 무의식중에도 움직일 수 있도록 도와주는 미주신경에 연결되어 있는데, 어떤 원인에 의해 횡격막과 연결된 미주신경이 자극을 받으면 갑자기 횡격막이 불규칙적으로 움직이면서 딸꾹질을 하게 됩니다. 이처럼 딸꾹질은 미주신경이

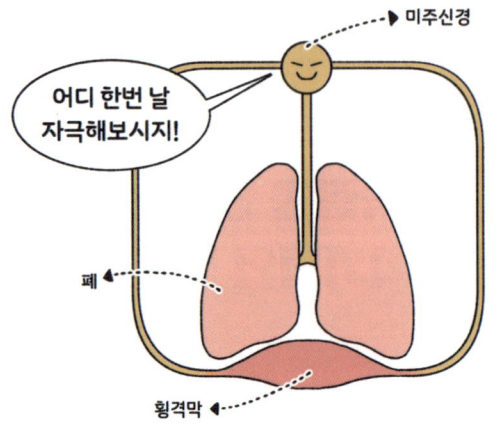

횡격막과 미주신경

자극을 받아 발생하는 것이기 때문에 이 자극을 해소하면 딸꾹질을 멈출 수 있습니다. 역설적이게도, 딸꾹질을 멈추려면 미주신경에 '의도적인 자극'을 한 번 더 줘야 하는 것이죠.

  그래서 딸꾹질을 멈추는 방법은 모두 미주신경을 자극하는 것과 관련이 있습니다. 허리를 앞으로 숙이고 물을 마시면 입천장에 있는 미주신경이 자극을 받습니다. 특히 찬물을 마시면 더 효과가 좋습니다. 30초간 손가락을 귓구멍에 넣고 있는 것도 같은 원리입니다. 귓구멍 안쪽 미주신경을 직접 건드리는 셈이니까요. 숨을 참거나 단 음식을 먹는 것 역시 미주신경에 뭔가 새로운 일이 생겼다는 신호를 보내는 방법입니다.

이그노벨상을 받은 충격적인 딸꾹질 치료법

　미국 하버드대학교에서는 매년 '평범하지 않은 뭔가 이상하지만 대단한 연구'를 한 사람에게 이그노벨상을 수여합니다. 미국의 프랜시스 페스미어라는 의사는 딸꾹질을 멈추는 독특한 방법을 연구해 2006년 이그노벨상을 받았습니다. 바로 항문에 손가락을 넣는 것이었죠. 대장의 끝부분으로 항문과 연결된 부위를 직장이라고 하는데, 항문에 손가락을 넣어 직장에 있는 미주신경을 자극하는 방법인 것이죠. 실제로 이 방법을 사용해 3일 동안 딸꾹질이 멈추지 않던 한 60세 남성의 딸꾹질을 멈추게 하기도 했습니다.

　이 방법은 실제로 효과가 뛰어나고 상을 받을 만큼 획기적입니다. 하지만 몇 가지 문제가 있어요. 우선 항문에 손가락을 넣다가 항문이나 직장에 상처가 날 위험이 있습니다. 게다가 혼자 하는 것보다 다른 사람이 해주는 것이 더 효과적이라고 합니다. 그래서 혼자서 직접 시도하기엔 적합하지 않은 방법입니다.

　미국의 찰스 오스본이라는 사람은 딸꾹질을 가장 많이 해서 기네스북에 올랐습니다. 1922년부터 1990년까지 약 68년 동안 딸꾹질을 했다고 합니다. 그가 한 딸꾹질의 횟수는 4억 3,000만 회 정도나 됩니다. 찰스 오스본은 돼지를 도축하다가 실수로 넘어졌는데, 이때부터 딸꾹질이 시작되었죠. 그를 진료한 한 의사는 넘어지면서 뇌에 있는 딸꾹질 억제 영역이 파괴되었기 때문이라고 추정했지만, 정확한 원인은 끝내 밝혀지지 않았습니다.

 딸꾹질은 보통 몇 분이나 몇 시간 이내에 멈추지만, 며칠이 지나도 멈추지 않는다면 병원에 가는 것이 좋습니다. 다행히 대부분의 딸꾹질은 우리가 아무것도 하지 않아도 저절로 사라지니까, 너무 걱정하지 않아도 됩니다. 그래도 다음에 딸꾹질이 날 때는 오늘 배운 미주신경 자극법들을 한번 시도해보는 것도 재밌을 것 같네요.

오늘 먹은 음식은 언제 똥이 되어 나올까?

 우리가 입으로 음식을 먹으면 음식은 식도에서 위로, 위에서 소장으로 소장에서 대장으로 이동합니다. 이 과정에서 필요한 영양분은 흡수되고 나머지는 똥으로 만들어져 몸 밖으로 배출됩니다. 이 과정을 '소화'라고 하죠.
 식도는 25센티미터 정도 되는 근육으로 이루어진 통로입니다. 음식이 식도로 가면 식도에 있는 근육이 수축과 이완을 반복해 음식을 위로 내려보냅니다. 이것을 연동운동이라고 합니다. 음식이 식도에서 위까지 전달되는 데 걸리는 시간은 30초밖에 안 된다고 합니다.
 음식이 위에 도착하면 위에서 강한 산성 액체인 위액이 분비

됩니다. 위액은 음식을 잘게 부수고 음식과 함께 들어온 세균을 죽이는 역할을 합니다. 특히 위액에 있는 펩신이라는 소화효소는 단백질을 더 작게 분해해 잘 흡수되도록 만들어줍니다. 하루에 분비되는 위액의 양은 1~2리터 정도 됩니다. 위액에 의해 분해된 음식은 소장의 가장 첫 번째 부분인 십이지장으로 이동합니다. 음식물이 위에서 십이지장으로 이동하는 데 걸리는 시간은 어떤 음식이냐에 따라 다르지만 액체의 경우 한 시간 정도, 고체의 경우 2시간 정도라고 합니다.

음식이 이동하는 16~30시간의 여정

소장은 우리 몸에서 가장 긴 장기로 6~7미터 정도 되며 십이지장, 공장, 회장으로 나뉩니다. 십이지장에선 탄산수소나트륨과 점액이 분비되는데, 탄산수소나트륨은 염기성이기 때문에 산성인 위액을 중화시키고 점액은 위액으로부터 소장을 보호하는 역할을 합니다. 위에서 위액이 분비되는 것처럼 소장에서도 장액이 분비되는데, 장액에 있는 여러 가지 소화효소가 음식을 한 번 더 분해하고 소장에 있는 융모라는 작은 돌기가 영양분을 흡수합니다. 그리고 음식은 대장으로 이동합니다. 이때 걸리는 시간은 6시간 정도라고 합니다.

대장의 길이는 1.5미터 정도 됩니다. 대장보다 소장이 훨씬 긴

데 대장이 대(大)라는 글자를 쓰는 이유는, 길이가 아니라 지름의 크기로 이름을 지었기 때문이라고 합니다. 대장은 맹장, 직장, 결장으로 나뉩니다. 대장에서 음식에 남아 있는 수분이 흡수되고 찌꺼기는 똥이 돼 몸 밖으로 배출됩니다.

 대장으로 이동한 음식이 똥이 되기까지 걸리는 시간은 10시간 정도입니다. 즉 우리가 먹은 음식이 똥이 되기까지 걸리는 시간은 16~18시간 정도라는 것이죠. 이것은 소화 작용이 활발하게 잘 이루어지는 사람에게 해당하는 것으로, 그렇지 않은 사람은 30시간 이상 걸리기도 합니다. 음식을 먹으면 곧바로 신호가 오는 사람들도 있는데, 과민성 대장 증후군을 가진 것일 수도 있습니다. 정확한 원인은 밝혀지지 않았지만 장이 예민하게 반응해

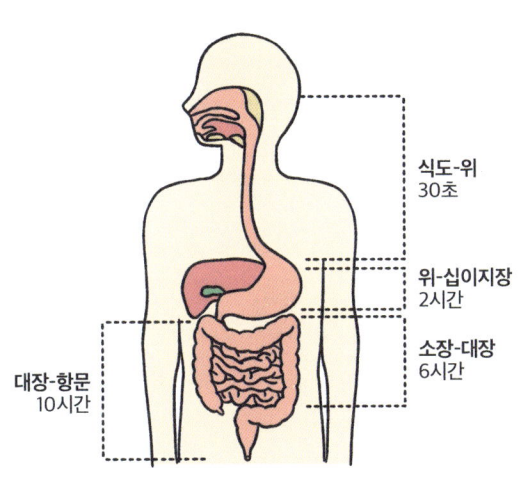

소화의 과정별 소요 시간

소화가 빠르게 이루어지는 것이죠. 일부 장이 예민한 사람들은 음식을 먹지 않아도 스트레스를 받으면 신호가 와 화장실에 가기도 합니다.

특정 음식을 먹으면 신호가 오기도 합니다. 이것은 소화기관이 해당 음식을 안 좋은 물질로 판단해 영양분을 흡수하지 않고 빠르게 보내버린 결과입니다. 이런 경우에는 정상적인 소화 과정을 거치지 않다 보니 수분 흡수가 제대로 되지 않아서 설사를 하게 됩니다.

먹는 것만큼 싸는 것도 우리 몸의 중요한 기능 중 하나입니다. 결국 각 소화기관에서 이뤄지는 모든 과정은 우리 몸이 필요한 영양분을 얻고 불필요한 것을 제거하는 정교한 시스템이라고 할 수 있습니다.

일단 알아두면 교양 있어 보이는 과학 용어

- **탄산수소나트륨**: 탄산나트륨의 포화용액에 이산화탄소를 접촉하여 만드는 무색 결정 물질. 물에 녹고 알코올에는 녹지 않으며 청량음료, 세척제 등으로 쓰인다.
- **소화효소**: 소화기관이나 이자에서 분비되어 음식물의 소화를 돕는 물질. 입에서는 침, 위에서는 펩신, 이자에서는 트립신, 소장에서는 수크라아제 등이 분비된다.

교정기를 하면 어떤 원리로 이가 가지런해질까?

아기가 태어나고 6개월 정도 지나면 아래쪽 앞니부터 시작해 20개의 유치가 나옵니다. 그리고 만 6세가 되면 아래쪽 앞니부터 흔들리기 시작해 유치가 빠지고 사랑니를 제외한 28개의 영구치가 자라나죠. 그런데 영구치가 나올 때 선천적으로 턱이 작거나 잇몸이 약하거나 손가락을 빠는 습관이 있으면 이가 삐뚤삐뚤하게 날 수 있습니다. 이런 경우 우리는 치과에 가서 교정 치료를 받죠. 교정기는 단단하게 박혀 있어서 쉽게 움직이지 않지만, 참 신기하게도 교정기를 끼고 어느 정도 시간이 지나면 이가 가지런해집니다. 교정기는 도대체 어떤 원리로 이를 가지런하게 만들어주는 것일까요?

파골세포와 조골세포의 역할

삐뚤삐뚤한 이를 가지런하게 교정하는 것은 미적인 이유 때문만은 아닙니다. 치아가 고르지 않으면 음식물이 끼었을 때 양치가 깨끗하게 되지 않아서 충치가 생길 수 있기 때문에 교정이 필요하죠.

교정기는 크게 브라켓과 와이어로 나눌 수 있습니다. 특수 접착제로 브라켓을 이에 단단히 고정시키고, 와이어로 연결하면 교정 준비가 끝납니다. 이때 모든 이를 가지런히 정렬할 공간이 부족하면 송곳니 옆에 있는 작은 어금니를 뽑기도 합니다.

이를 교정하는 데 가장 중요한 역할을 하는 것은 와이어입니다. 교정기에 사용되는 와이어는 '형상기억합금'입니다. 형상기억합금이란 원래의 모양에서 변형되어 다른 모양이 되어도 다시 원래의 모양으로 되돌아오는 합금을 말합니다.

삐뚤삐뚤한 이에 브라켓을 붙이고, 이것을 와이어로 연결하면 처음에는 와이어도 삐뚤삐뚤하게 보입니다. 하지만 시간이 지나면서 와이어는 형상기억합금의 성질에 따라 원래의 모양으로 되돌아가죠. 이때 이에 힘이 가해지면서 가지런해지는 것입니다.

이는 보기보다 훨씬 길고 깊게 박혀 있습니다. 그래서 어떤 힘에도 절대 움직이지 않을 것 같지만, 그렇지 않습니다. 이는 눈에 보이는 치관과 잇몸에 박혀 있는 치근으로 나뉩니다. 치근은 턱뼈와 연결된 치조골이 잡아주고 있고, 치주 인대가 치근과 치조골을 연결시켜줍니다.

  와이어가 이에 힘을 가하면 이는 한쪽 방향으로 작용하는 힘을 받게 되고, 한쪽 치주 인대가 압박을 받으면서 염증 반응이 발생합니다. 이때 뼈를 녹이고 파괴하는 세포인 파골세포가 압박을 받는 쪽의 치조골을 파괴해 공간을 만들어주고, 뼈를 생성하는 세포인 조골세포가 반대편에서 치조골을 생성해 공간을 채워줍니다. 이렇게 만들어진 공간으로 이는 조금씩 이동합니다.

  이의 상태에 따라 교정 과정에서 스프링이나 고무줄을 이용하기도 하고, 스크류라고 부르는 작은 나사를 심는 경우도 있습니다. 이 과정은 와이어가 원래의 모양으로 돌아갈 때까지 반복됩니다. 파골세포가 치조골을 파괴하고 조골세포가 치조골을 만들

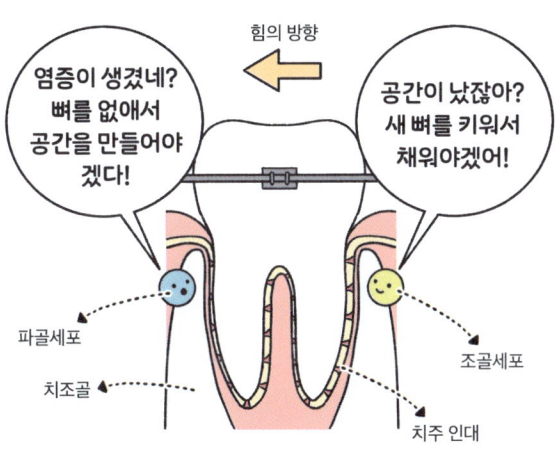

치아 교정의 원리

면서 삐뚤삐뚤했던 이가 아주 천천히, 그리고 가지런히 자리를 잡게 됩니다. 쉽게 말해 교정은 이를 고정하고 있는 뼈를 다시 생산해 위치를 바꾸는 것이라고 말할 수 있습니다.

라식, 라섹을 하면 어떻게 시력이 다시 좋아지는 걸까?

　시력이 좋지 않은 사람들은 안경을 쓰거나 렌즈를 끼곤 합니다. 그런데 이런 것들은 불편하기도 하고, 특히 안경은 인상을 다르게 만들기 때문에 라식이나 라섹을 받기도 하죠.
　눈은 크게 검은자와 흰자로 나뉩니다. 흰자를 공막이라고 하며, 투명한 막인 결막이 감싸고 있습니다. 검은자는 빛이 들어오는 동공과 동공의 크기를 조절하는 홍채로 이루어져 있으며, 투명한 막인 각막이 감싸고 있습니다. 홍채 뒤에는 동공으로 들어온 빛을 굴절시켜 모아주는 수정체가 있고 수정체를 통해 모인 빛은 망막에 맺히게 됩니다. 그런데 이때 빛이 망막 앞이나 뒤에 모이면 물체가 잘 보이지 않는 증상이 나타납니다. 이것을 교정

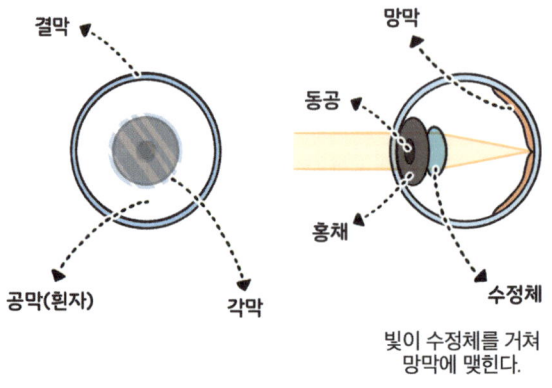

안구의 구조

하는 것이 바로 안경과 렌즈입니다. 빛이 동공에 들어가기 전 미리 굴절시켜 망막에 잘 맺히도록 하는 것이죠. 라섹이나 라식 등의 시력 교정술 역시 같은 원리입니다.

각막을 안경처럼 바꾸는 시력 교정술의 원리

시력 교정술을 하기 전 가장 먼저 해야 할 일은 눈동자를 고정하는 일입니다. 눈동자가 움직이면 수술이 이루어질 수 없기 때문이죠. 이때 물리적인 안구 고정 장치를 이용하기도 하고, 적외선 카메라가 부착되어 있는 안구 추적 장치를 이용하기도 합니다. 이런 작업을 '석션'이라고 합니다.

각막은 각막 상피와 각막 실질로 나뉩니다. 눈동자를 고정한 뒤 각막 상피를 벗겨내고, 레이저로 각막 실질을 평평하게 만들거나 오목하게 만들면 수술이 끝납니다. 이렇게 각막 실질의 모양이 바뀌면 빛이 동공으로 들어가기 전에 각막 실질에서 미리 굴절되는 효과를 볼 수 있습니다. 마치 안경이나 렌즈를 쓴 것처럼 말이죠. 즉 시력 교정술은 시력을 회복하는 수술이 아니라, 각막 실질을 안경이나 렌즈의 기능을 하도록 바꾸는 수술이라고 할 수 있습니다. 그래서 이름이 시력 교정술인 것이죠.

이때 각막 상피를 어떤 식으로 벗겨내느냐에 따라 라섹과 라식이 구분됩니다. 알코올이나 레이저를 이용해 각막 상피를 완전히 제거하는 수술을 우리나라에선 '레이저 각막 상피 절삭 가공 성형술', 라섹이라고 합니다. 제거된 각막 상피는 시간이 지나면 다시 재생됩니다. 그런데 재생될 때까지 각막 실질을 보호할 무언가가 필요하기 때문에 보호용 렌즈를 넣은 뒤 수술을 마무리합니다. 이후 각막 상피가 재생되면 렌즈를 제거하는 작업을 진행합니다. 라섹은 수술 이후 외부 충격에 강하고 안구건조증 위험이 적지만, 시력이 회복되는 속도가 느리고 통증이 심하다는 단점이 있습니다.

각막 상피를 완전히 제거하지 않고 뚜껑(절편)처럼 만들어 열고 닫는 방식으로 진행하는 수술 방법을 '레이저 보조 각막 절삭 가공 성형술', 라식이라고 합니다. 라식은 시력 회복이 빠르고 통증이 적지만, 안구건조증이 생길 수 있고 각막이 얇은 사람은 뚜

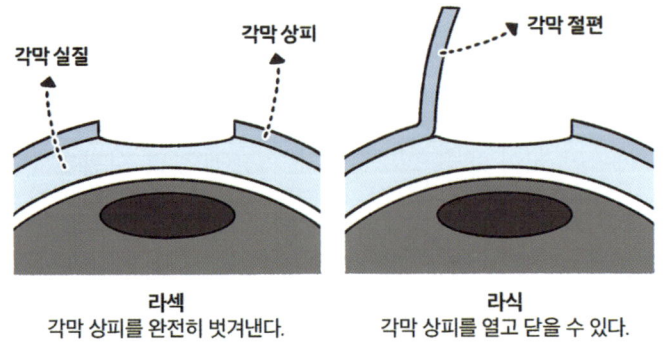

라섹과 라식의 차이

껍을 만들 수 없어 수술을 할 수 없습니다.

요즘에는 스마일 라식이라는 수술 방법도 많이 사용되고 있습니다. 기본 원리는 라섹, 라식과 같지만 각막 상피를 통과하는 레이저를 이용해 각막 실질을 깎은 뒤, 각막 상피에 약간의 상처를 내 깎아낸 실질을 꺼내는 방식으로 수술을 진행합니다. 각막 상피에 나는 상처가 적기 때문에 통증이 적고 수술 시간도 짧지만, 비용이 많이 들고 아직은 축적된 데이터가 적다는 단점이 있죠.

앞서 말했듯 시력 교정술은 시력을 회복시키는 것이 아니라 인위적으로 교정하는 수술입니다. 그래서 부작용이 있을 수 있고, 사람에 따라 수술 효과가 다르게 나타납니다. 게다가 한번 수술하면 되돌릴 수 없으니 시력 교정술을 받고 싶다면 여러 사항을 충분히 고려한 뒤 결정하는 것이 좋습니다.

오늘부터 양치를 하지 않으면 벌어지는 일은?

피부가 찢어지거나 뼈에 금이 가도 시간이 지나면 다시 회복됩니다. 하지만 사람의 이는 영구치가 자란 이후부터는 회복되거나 재생되지 않죠. 그래서 관리를 잘 해야 합니다. 가장 쉬운 관리 방법은 양치를 하는 것인데, 사실 양치만큼 귀찮은 일도 없습니다. 한 통계에 따르면 성인의 절반은 양치를 하루 세 번 하지 않는 데다 3분 미만으로 한다고 합니다.

입안에 있는 여러 가지 세균 중 충치의 가장 큰 원인이 되는 세균은 뮤탄스균입니다. 양치는 바로 이 뮤탄스균의 수를 줄이고, 뮤탄스균의 먹이가 되는 음식물 찌꺼기를 없애는 행위입니다. 양치를 하지 않으면 뮤탄스균이 활발하게 활동하고, 이 과정에서 이와 이 사이, 이와 잇몸 사이에 막이 만들어집니다. 이것을 '치태' 혹은 '플라크'라고 합니다.

칼슘은 이를 단단하게 만들어줍니다. 하지만 양치를 하지 않아 플라크가 계속 남아 있으면 칼슘이 흡수돼 플라크가 딱딱해집니다. 이것이 바로 치석입니다. 치석은 뮤탄스균을 보호하는 보호막 역할을 하기도 합니다. 뮤탄스균이 치석에 숨어 음식물 찌꺼기를 분해하면 젖산이 만들어집니다. 젖산은 이의 가장 바깥쪽 부분인 법랑질을 녹이고 법랑질 아래에 있는 상아질까지 잠식하죠. 이것이 바로 충치입니다.

혈관을 타고 전신으로 퍼지는 입속 세균들

플라크와 치석이 계속 방치되면 잇몸을 자극해 염증이 생기고 피가 날 수 있습니다. 이것을 치은염이라고 합니다. 잇몸에는 이를 제자리에 고정시켜주는 뼈인 치조골이 있습니다. 치은염이 심해지면 치조골이 손상돼 이가 흔들리고 이와 잇몸 사이에 공간이 만들어집니다. 이것을 치주염이라고 합니다.

이렇게 만들어진 공간으로 세균이 침투하고, 이 세균은 혈관을 타고 온몸으로 퍼져 각종 질병의 원인이 됩니다. 세균이 심장에 도착하면 심장 내막에 염증이 생기는 심내막염이 생길 수 있습니다. 또 신장에 도착하면 신장 질환이, 폐에 도착하면 폐 질환

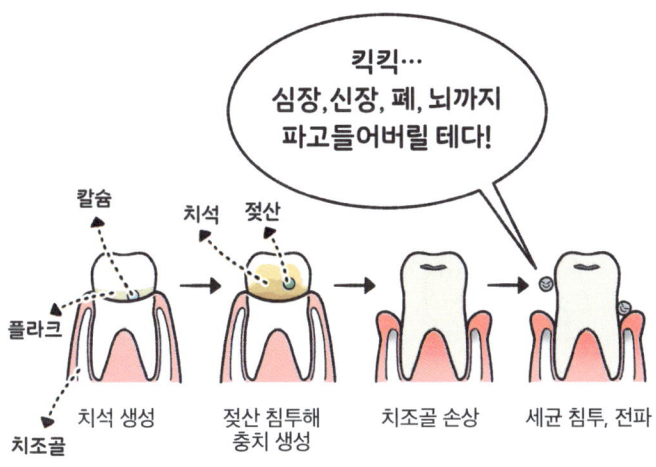

충치가 온몸에 세균을 옮기는 과정

이, 뇌에 도착하면 치매가 발생합니다. 실제로 심한 충치가 있는 사람은 치매에 걸릴 확률이 높다는 연구 결과가 있습니다. 결국 양치를 하지 않으면 이만 썩는 것이 아니라 온몸이 썩을 수 있다는 것입니다.

이런 위험이 있는데도 계속 양치를 하지 않으면 이가 전부 썩어버리거나 잇몸이 약해져 이가 빠져버릴 수 있습니다. 이런 경우 대체품을 심어 넣는 임플란트를 해야 하는데, 임플란트는 개당 가격이 100만 원 정도 하죠. 이 전체에 임플란트를 심는다고 하면 2,800만 원이나 됩니다. 결국 하루 몇 분의 양치질이 우리의 건강과 경제적 부담을 동시에 지켜주는 가장 간단하면서도

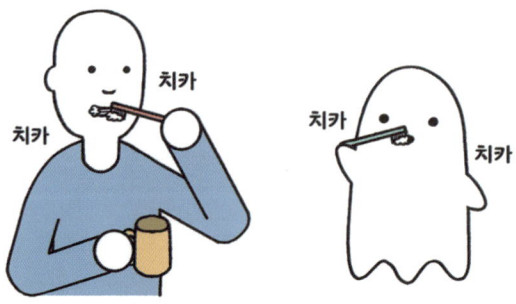

효과적인 방법인 셈입니다. 작은 습관 하나가 입안의 건강뿐만 아니라 온몸의 건강까지 좌우한다는 사실, 놀랍지 않나요?

계속 물구나무서기를 하고 있으면 어떻게 될까?

 손을 바닥에 놓고 다리는 하늘로 향하게 한 자세를 '물구나무'라고 합니다. 일반적인 상황에선 몸에 가해지는 압력을 하체가 전부 받아줍니다. 그래서 생활하다 보면 엉덩이나 무릎, 발바닥이 피로할 수밖에 없죠. 물구나무를 서면 이 압력이 줄어들어 하체가 잠깐 휴식을 취할 수 있고, 하체 쪽에 몰린 혈액이 다른 곳으로 분산되기도 합니다. 그 결과 얼굴에 피가 돌아 혈색이 좋아지고, 뇌로 가는 피가 많아져 정신이 맑아지며 뇌가 활성화되는 효과를 볼 수 있습니다. 또한 허리가 곧게 펴져 허리 건강에 좋다고 말하는 이들도 있지만, 이것에 대한 과학적인 연구는 아직 없다고 합니다.

물구나무를 잠깐만 선다면 이런 긍정적인 효과를 볼 수 있지만, 시간이 길어지면 이야기는 달라집니다.

1분 이상 물구나무서면 벌어지는 일

피는 심장에서 나와 온몸으로 퍼져나갑니다. 지구에서는 중력이 작용하기 때문에 똑바로 있으면 머리보다 다리에 더 많은 피가 전달됩니다. 물구나무를 설 경우 반대가 되기 때문에 다리보다 머리에 더 많은 피가 전달되죠. 그래서 얼굴이 빨개지고 눈이 충혈될 수 있습니다. 이 상태가 지속되면 눈에 있는 혈관이 터져 눈에서 피가 나기도 합니다. 이것을 결막하출혈이라고 하는데, 보기에는 굉장히 무섭지만 특별한 조치 없이도 시간이 지나면 증상이 서서히 사라지기 때문에 그렇게 심각한 상태는 아닙니다.

물구나무서기를 5분 정도 하고 있으면 머리에 너무 많은 피가 몰려 눈이 받는 압력, 안압이 높아집니다. 눈이 뻑뻑하고 피로하며, 눈알이 빠질 것 같은 느낌이 들기도 합니다. 눈으로 들어온 정보를 전기 신호로 바꿔 뇌로 전달하는 곳이 시신경입니다. 안압이 높아지면 시신경이 손상될 수 있는데, 이것은 녹내장과 시력 저하의 원인이 되기도 합니다.

이때 '요가하는 사람들은 어떻게 10분 이상 물구나무서기를 하는 거지?' 하는 궁금증이 생깁니다. 그 비결은 바로 천천히 시간을 늘리는 데 있습니다. 이렇게 물구나무서기를 점진적으로 단련하는 것이 아니라면 권장 시간은 1분 정도이고, 더 오래 한다고 해도 5분을 넘기지 않는 것이 좋습니다.

중력 때문에 다리보다 머리에 더 많은 피가 전달된다는 것은, 반대로 말하면 머리로 전달된 피가 다시 심장으로 돌아가는 데 어려움을 느낀다는 것입니다. 심장에서 나온 피는 온몸을 순환하며 산소와 영양분을 전달하고, 이산화탄소와 노폐물을 수거해 다시 심장으로 돌아갑니다. 그런데 이것이 어려워지면 노폐물을 수거한 피가 머리에 머무는 시간이 길어지겠죠. 그러면 혈전이 만들어져 혈액 순환에 문제가 생길 수 있습니다. 이로 인해 뇌에

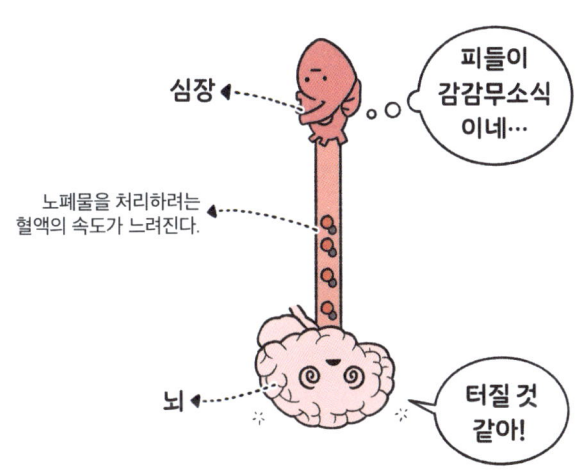

물구나무서기를 오래할 때 혈액의 흐름

있는 혈관이 터져 뇌출혈이 발생하거나 뇌가 손상돼 감각이 무뎌지고 의식이 흐려지는 뇌졸중 증상이 나타날 수 있습니다.

한편 골반이나 무릎, 발바닥은 우리의 하중을 견딜 수 있도록 설계되어 있지만 팔이나 목은 그렇지 않습니다. 그래서 억지로 버티고 있다면 큰 손상을 입을 수도 있습니다.

인간은 거꾸로 서서 얼마나 버틸 수 있을까?

2023년 7월 미국에서 롤러코스터가 갑자기 멈춰 사람들이 거꾸로 매달리는 사고가 있었습니다. 이들은 3시간 동안 거꾸로 매달려 있었는데 다행히 모두 구출되었고, 부상이 있긴 했지만 심각한 문제가 있는 사람은 없었다고 합니다.

이처럼 오랫동안 어딘가에 거꾸로 매달려 있거나 꽉 끼어 거꾸로 있을 수밖에 없는 상황이 된다면 사태가 심각해질 수 있습니다. 머리 쪽에 많은 피가 몰리면 우리의 몸은 이를 위험한 상황이라고 판단해 심장박동을 줄이고 피가 전달되는 속도를 늦춥니다. 그러면 전신으로 순환되는 피의 양도 줄어들게 되죠. 이렇게 되면 몸에 있는 장기가 충분한 산소와 영양분을 공급받지 못해 제 기능을 하지 못하며, 이 시간이 길어지면 장기에 심각한 손상이 발생할 수 있습니다.

우리 몸에 있는 여러 가지 장기 중 폐가 가장 위에 있는 이유는 다른 장기로부터 받는 압박을 피하기 위함입니다. 그런데 거꾸로 서 있으면 폐가 가장 큰 압박을 받게 되어 원활하게 호흡하지 못합니다. 이외에도 물구나무서기를 무리하게 지속하면 우리 몸에는 연쇄적인 문제가 발생합니다. 먼저 안압이 높아져 시야가 흐려지다가 결국 실명에 이를 수 있습니다. 더 심각한 건 뇌압 상승입니다. 뇌압이 높아지면 뇌가 찌그러지거나 눌리는 등의 뇌탈출 현상으로 치명적인 손상을 입을 수 있습니다. 이 모든 증상이 동시에 진행되면서 호흡곤란과 심장 기능 저하까지 겹치면 결국 사망에 이르는 것입니다.

2009년 존 에드워드 존스라는 사람이 미국에 있는 너티 퍼티 동굴을 탐험하던 중 좁은 통로에 거꾸로 끼는 사고를 당했습니다. 이때 존스를 구하기 위해 많은 인력이 투입되었지만, 결국 구조하는 데는 실패했죠. 존스는 약 28시간 동안 거꾸로 있다가 결

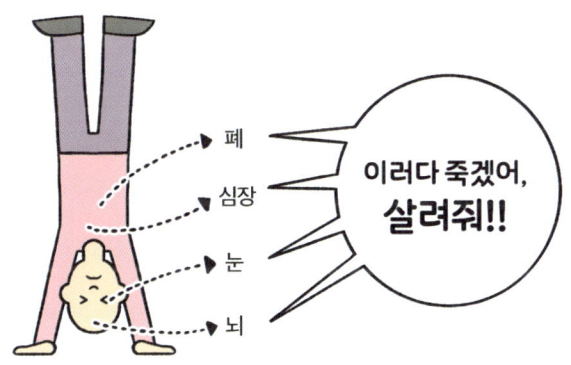

국 호흡곤란과 심장마비로 사망했다고 합니다. 즉, 우리가 거꾸로 있을 수 있는 시간은 하루 정도라는 것입니다.

분명 물구나무서기를 하면 얻을 수 있는 긍정적인 효과도 있겠지만, 그 효과를 더 키우겠다고 무리해서 시간을 늘렸다가는 오히려 건강을 해칠 수 있으니 주의해야 합니다.

내시경을 할 때
제거하는 용종이란 대체 뭘까?

병원에서 내시경을 받고 나면 의사가 '용종'을 제거했다고 말할 때가 있습니다. 용종은 물혹, 폴립, 양성 종양이라고 부르기도 합니다. 용종을 제거했다고 하면 어찌 됐든 나쁜 것을 없앴다는 생각에 안심이 되면서도, 몸속에 무언가 이상한 것이 생긴 것 같아 괜히 불안한 마음이 들기도 하죠.

어떤 원인에 의해 위나 장 점막이 자극을 받으면 점막에 있는 세포가 손상돼 변이가 일어납니다. 이것이 반복되면 변이가 일어난 세포가 비정상적으로 자라 위나 대장 안쪽으로 튀어나오는데, 이것이 바로 용종입니다. 용종은 시간이 지나면 암으로 발전할 가능성이 있습니다. 크기가 1센티미터 이상인 톱니바퀴 모양의 용종을 선종이라고 합니다. 선종은 암으로 발전할 수 있는 종양성 용종, 다시 말해 암의 씨앗입니다. 그래서 선종 같은 종양성 용종이 발견되면 곧바로 제거하는 것이 좋습니다.

용종이 생기는 원인과 위험 신호들

용종이 발생하는 원인은 여러 가지입니다. 채식을 적게 하거나, 기름진 음식을 많이 먹거나, 칼슘이나 비타민 D가 부족하거나, 과도한 흡연과 음주를 하거나, 운동량이 부족하면 용종이 생길 수 있습니다. 유전적 요인에 의해 발생하기도 하는데, 특히 대장암의 95퍼센트가 용종에서 발생하기 때문에 대장암에 걸린 가족이 있다면 더 조심해야 합니다.

용종이 있다고 해서 곧바로 문제가 드러나는 것은 아니기 때문에 검사 전까지는 용종의 존재를 알아차리기 쉽지 않습니다. 하지만 똥을 쌌는데 피가 묻어나오거나, 끈적한 똥을 싼다면 용종이 생긴 것일 수 있으니 검사를 받아보는 것이 좋습니다.

위나 장 내시경을 하다가 용종이 발견되면 바로 제거하는데, 얇은 올가미를 넣어 잘라내는 방식으로 시술합니다. 하지만 용종이 발견됐다고 해서 무조건 제거해야 하는 것은 아닙니다. 암으로 발전할 가능성이 없는 용종을 비종양성 용종이라고 합니다. 장에 염증이 생기고 치유되는 과정에서 점막이 돌출되는 경우가 있는데, 이를 염증성 용종이라고 합니다. 지방세포가 과하게 성장해 노란색 용종이 만들어지는 것은 지방종이라고 하죠. 염증성 용종이나 지방종은 비종양성 용종으로 꼭 제거해야 하는 것은 아닙니다. 하지만 혹시 모르니 검사검사 제거하는 경우도 있습니다.

내시경을 할 때 의사가 용종을 제거했다고 하면 암의 씨앗을 제거한 것이니 크게 걱정하지 않아도 됩니다. 다만 용종이 다시 생길 수 있으니 식습관이나 생활 방식에 특별히 주의를 기울이는 것이 좋겠죠. 대장에 수백 개의 용종이 생기는 사람도 있습니다. 이것을 가족성 샘종 폴립증이라고 하는데, 유전자에 변이가 일어나 발생하는 것으로 이 병을 가진 사람은 대장암에 걸릴 확률이 아주 높습니다. 그래서 꾸준한 검사가 필요하며, 이후 대장 일부를 절제하는 방식으로 치료한다고 합니다.

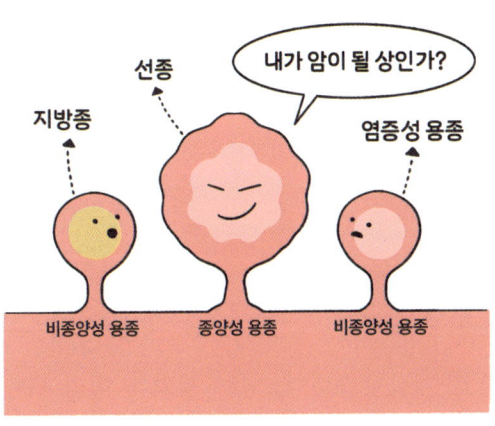

용종의 종류

머릿속 해마를 제거하면 어떻게 될까?

　1926년 미국 맨체스터에서 태어난 헨리 몰레이슨은 어릴 때 자전거를 타다 머리를 크게 다쳤습니다. 하지만 당시에는 특별한 증상이 있진 않았죠. 그러다 10살 때부터 경미한 발작이 시작되었고, 16살 때는 발작이 더 심해졌다고 합니다. 그는 여러 가지 약물 치료를 받았지만 전혀 효과를 보지 못했어요. 증상이 계속되자 1953년 27살이 되던 해, 미국의 신경외과 의사인 윌리엄 스코빌에게 수술을 받게 됩니다.

　당시에는 뇌에 질환이 생기면 병의 원인이 되는 부분을 잘라내는 방식으로 치료했습니다. 뇌는 영역에 따라 담당하는 부분이 다르기 때문에, 해당 부분을 잘라내면 문제도 함께 사라질 것이라고 생각했죠. 스코빌은 발작의 원인이 측두엽에 있다고 생각했습니다. 그래서 몰레이슨의 측두엽을 절제하는 수술을 진행했습니다.

비로소 알게 된 해마의 역할

측두엽에는 해마라는 부위가 있습니다. 해마는 기억력에 관한 역할을 하는데, 특히 단기기억을 장기기억으로 바꿔주는 아주 중요한 곳입니다. 하지만 스코빌이 수술을 진행할 당시에는 해마의 이런 역할이 알려지지 않았습니다. 그래서 측두엽을 제거하면서 해마도 같이 제거해버렸죠.

수술 결과는 일정 부분 성공적이었습니다. 몰레이슨의 발작이 멈추게 된 것이죠. 하지만 기억력에 문제가 발생했습니다. 그는 자신의 이름이 몰레이슨이라는 것은 알았습니다. 발작 때문에 수술을 했다는 것도 알았고, 가족과 과거의 일도 기억했습니다. 물론 이전에 경험했던 일 몇 가지를 기억하지 못하긴 했지만, 일상생활을 하는 데 문제가 없었죠. 즉 해마를 제거한다고 해서 모든 기억이 갑자기 사라지는 것은 아니었어요.

대신 몰레이슨은 새로운 것을 기억하지 못했습니다. 매일매일 만나는 의료진을 매일매일 알아보지 못했습니다. 그들과 했던 대화도 기억하지 못했고, 위치를 반복해서 알려줘도 화장실을 찾지 못했습니다. 오늘이 무슨 요일인지 알지 못했으며, 밥을 먹어도 밥을 먹었다는 것을 기억하지 못했습니다.

우리가 어떤 것을 경험하거나 자극을 받으면 뉴런은 이것을 단기기억으로 저장합니다. 그런데 만약 이 자극이 강렬하거나 반복적으로 나타날 경우 중요한 정보라고 판단해 해마가 장기기억으로 바꿔 시냅스에 저장합니다. 몰레이슨은 해마가 제거되었기 때문에 단기기억을 장기기억으로 바꾸는 과정이 일어나지 않았죠. 그래서 해마가 제거된 뒤에 경험한 것이나 받은 자극을 시간이 지나면 기억하지 못했던 것입니다. 즉 해마를 제거하면, 제거한 이후에 발생하는 새로운 정보를 기억하지 못하게 된다는 것이죠. 이것을 선행성 기억상실증이라고 합니다. 이것으로 해마가 장기기억에 영향을 준다는 사실이 밝혀지게 되었습니다.

뇌과학 분야의 새 지평을 열다

몰레이슨은 많은 뇌과학자들의 연구 대상이 되었습니다. 신경과학자인 브렌다 밀너는 손과 연필을 직접적으로 보지 못하고 거울로 봐야 하는 상황에서 별과 별 사이를 따라 그리는 실험을 진행했습니다. 몰레이슨은 처음에는 별을 잘 그리지 못했지만, 이상하게도 반복할수록 점점 더 별을 잘 그리게 되었습니다. 자신이 이전에도 같은 상황에서 별을 그렸다는 사실은 기억하지

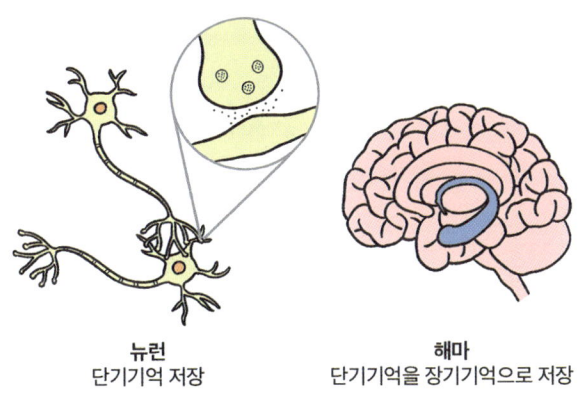

기억 저장을 담당하는 뉴런과 해마

못했지만 말이죠.

나이가 들자 몰레이슨은 골다공증이 생겨 보행 보조기를 사용해야만 했습니다. 그는 왜 자신이 보행 보조기를 사용해야 하는지는 기억하지 못했지만 보조기를 사용하면 할수록 점점 더 익숙해졌습니다. 이것으로 학습 능력이나 운동 능력은 측두엽이 아닌 다른 영역에서 이루어진다는 사실이 밝혀졌습니다.

우리가 느끼기에 헨리 몰레이슨은 해마가 없어 새로운 것을 기억하지 못하니 굉장히 불행한 삶을 살았을 것 같습니다. 하지만 수술 이후 그의 곁에서 함께한 신경과학자 수잔 코킨의 말에 따르면, 몰레이슨은 자신의 상황을 인지하고 잘 받아들이며 살았다고 합니다. 그리고 82세의 나이로 세상을 떠났습니다.

그에게 발생한 사고는 비극적인 것이었지만, 그의 뇌를 연구

브렌다 밀너의 별 그리기 실험

하면서 뇌과학 분야가 몇 단계는 더 발전할 수 있었습니다. 심지어 몰레이슨의 뇌는 사망한 뒤에도 계속 연구되었는데, 지금은 2,401개의 조각으로 잘려 캘리포니아대학교 뇌인지 연구센터에 보관되어 있습니다. 비록 그는 자신의 삶 대부분을 기억하지 못했지만 이제 우리가 그의 삶을 영원히 기억할 것입니다.

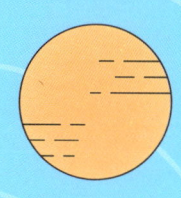

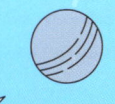

PART 02

불가능을 가능하게 만드는 동물들의 생존 기술

죽지 않고 영원히 사는 생물이 있다고?

죽지 않고 영원히 살 수 있다면 어떨까요? 중국 최초의 황제 진시황은 영생을 위해 불로초를 찾아 헤맨 것으로 알려져 있습니다. 지금도 많은 사람이 노화를 늦추고 젊음을 유지하기 위해 노력하죠. 그러나 과학 기술의 발전에도 아직 인간은 영원히 생존할 방법을 찾지 못했고, 결국 누구나 죽음을 맞이합니다.

그런데 이 생물은 자신의 기술만으로 영원한 삶을 살 수 있습니다. 뇌는 없지만 인간보다 훨씬 더 큰 종도 있고, 훨씬 더 작은 종도 있습니다. 이들은 보통 독을 가졌는데, 어떤 종은 사람을 죽일 정도로 치명적입니다. 형태가 있긴 하지만 몸이 반투명해서 때로는 신비롭게 보이기도 하는 이 생물은 바로 해파리입니다.

95% 물 덩어리가 공룡보다 오래 산 이유

해파리는 5억 년 전부터 지구에 살았으며 공룡이 멸종하던 때에도 살아남은 생물이죠. 지구 역사상 가장 거대한 동물인 흰수염고래보다 조금 더 길이가 긴 사자갈기해파리, 치명적인 독을 가진 상자해파리 등 그 종류도 다양합니다.

몸의 95퍼센트 이상이 물과 단백질로 이루어진 이 생물은 몸을 움츠렸다 폈다 하는 동작을 반복하며 바닷속을 헤엄칩니다. 대부분은 뇌와 눈이 없어 몸속에 있는 신경망으로 먹이를 탐지하지만, 상자해파리는 24개의 눈을 가지고 있기도 합니다. 먹이는 몸 아래쪽에 있는 입으로 먹고, 똥을 쌀 때도 입으로 쌉니다. 해파리의 촉수에는 독침 세포가 있는데, 위험을 감지하면 독침을 쏘기 때문에 해파리에게 쏘이면 독침을 꼭 제거해야 합니다.

얼핏 보면 해파리처럼 생겼기 때문에 해파리로 불리고 있지만, 사실은 히드라의 일종인 홍해파리는 불멸한다는 특징을 갖고 있습니다. 다시 말해 죽지 않는다는 것이죠. 홍해파리는 약 1센티미터 정도의 작은 몸체를 가졌는데 아프거나, 스트레스를 받거나, 노화하면 그 세포를 새로운 세포로 바꿔버립니다. 이때 홍해파리는 촉수가 사라지고 몸은 번데기 같은 모양이 됩니다. 그리고 48시간이 되기도 전에 어릴 때 모습으로 다시 태어납니다. 이들은 이것을 계속 반복할 수 있기 때문에 천적에게 잡아먹히지 않는 한 영원히 살 수 있는 것이죠.

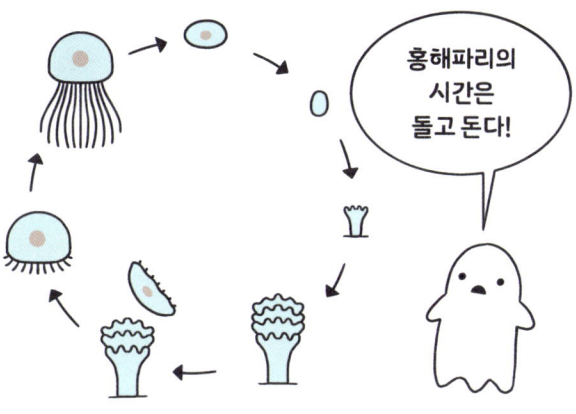

홍해파리의 재생 과정

    1994년 홍해파리를 연구하던 이탈리아의 한 교수는 실수로 홍해파리를 수조에 넣고 그대로 방치했습니다. 나중에 생각이 나서 홍해파리를 찾아봤더니 사체는 없고 자신이 연구하던 때의 홍해파리가 아닌 어린 홍해파리가 남아 있었다고 하죠.

    노화가 일어나는 원인은 세포가 분열하며 DNA의 끝을 조금씩 잃어버리기 때문입니다. 하지만 홍해파리는 DNA의 길이를 원상 복구하는 능력을 가지고 있어 영원히 살 수 있습니다. 홍해파리의 학명은 투리토프시스 도르니 Turritopsis dohrnii 인데, 불멸을 뜻하는 이모탈 젤리피쉬 Immortal Jellyfish 로도 불린다고 하네요.

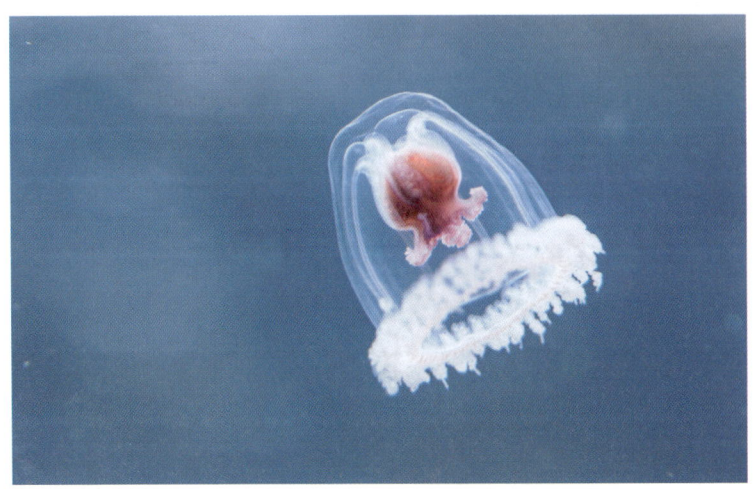

불멸의 해파리라는 별명을 가진 홍해파리

일단 알아두면 교양 있어 보이는 과학 용어

- 천적: 다른 생물을 죽이거나 먹이로 삼는 생물
- DNA: 생물의 유전정보를 저장하고 있는 유전자 설계도. 네 종류의 염기(아데닌, 구아닌, 사이토신, 티민)가 사슬 모양으로 이어지며, 이 나열 순서가 생물의 고유한 유전정보를 나타낸다.
- 히드라: 자포동물문의 한 종류로, 바다에 살며 입과 창자에 난 촉수로 미생물을 잡아먹는다. 촉수만 뻗은 채 한자리에서 먹이를 기다리는 폴립형과 유영 생활을 하는 해파리형으로 나뉜다.

산소가 없으면
식물로 변하는 동물이 있다고?

　인간은 음식 없이는 3주, 물 없이는 3일, 산소 없이는 3분밖에 살 수 없습니다. 시간은 다르겠지만 동물 역시 음식이나 물, 산소 없이는 살아갈 수 없죠. 이것은 인간을 포함한 모든 동물에게 정해진 법칙 같은 것이라서 누구도 거스를 수 없을 것 같습니다. 하지만 놀랍게도 산소가 없으면 식물로 변하고, 무려 18분 동안이나 생존이 가능한 동물이 있습니다.

　동아프리카에 서식하며 땅굴 속에서 사는 이 설치류의 이름은 벌거숭이두더지입니다. 벌거숭이두더지는 털이 없는 분홍색 피부에 길게 나와 있는 뻐드렁니가 특징이며, 다른 설치류에 비해 수명이 길고 암에도 잘 걸리지 않는 동물입니다.

늙지 않는 쥐로 알려진 벌거숭이두더지

　이들은 생식 능력이 있는 한 마리의 여왕과 생식 능력이 있는 여러 마리의 수컷, 그리고 생식 능력이 없는 여러 마리의 암컷이 한곳에 모여 생활하는데, 그 수가 많게는 300마리까지 된다고 합니다. 여기서 한 가지 특이한 점은 생식 능력이 없는 암컷은 원래 그렇게 태어난 것이 아니라, 생식 능력이 있음에도 호르몬을 조절해 스스로 임신이 불가능한 몸으로 바꾼다는 것입니다. 이것은 여왕에 대한 복종의 의미인데, 만약 암컷 두더지가 호르몬을 조절하지 않는다면 무리의 여왕은 그 암컷에게 가혹한 처벌을 내린다고 합니다. 벌거숭이두더지는 포유류이지만, 개미나 벌과 같은 생활 방식을 가진 것이죠.

땅굴 생활이 만든 18분의 미스터리

이들은 땅속에서 무리 생활을 하기 때문에 언제나 산소가 부족할 수밖에 없습니다. 굴이 무너져 갑자기 산소 공급이 중단되는 상황도 발생할 수 있죠. 그래서 벌거숭이두더지는 산소가 부족한 환경에서도 살아남을 수 있는 기술을 가지고 있습니다.

동물은 생존을 위해 에너지가 필요합니다. 음식을 먹으면 음식에 있는 영양분(포도당)을 에너지로 전환하고, 전환된 에너지는 ATP라는 아데노신삼인산에 저장됩니다. 그리고 이 ATP에 의해 에너지가 운반되죠. ATP가 만들어지려면 산소가 필요합니다. 만약 산소가 없다면 ATP가 만들어지지 않고, ATP가 만들어지지 않으면 에너지가 전달되지 않으니 동물은 죽게 됩니다. 그래서 산소가 없으면 죽는 것이죠.

하지만 벌거숭이두더지는 조금 다릅니다. 미국 일리노이대학교의 토마스 파크 교수는 벌거숭이두더지와 일반 쥐를 산소가 없는 환경에 방치했습니다. 일반 쥐는 1분도 안 돼서 죽었고, 벌거숭이두더지는 의식을 잃었지만 18분 동안이나 살아 있었습니다. 이후 산소를 다시 공급하자 정상적으로 회복되었다고 합니다.

벌거숭이두더지를 분석해보니 산소가 부족해지자 과당의 혈중농도가 급격히 상승했고, GLUT5라고 불리는 과당을 운반시켜주는 단백질의 분비가 늘어났습니다. 즉 벌거숭이두더지는 산소가 부족해지면 포도당 대신 과당을 이용해 ATP를 만들어내

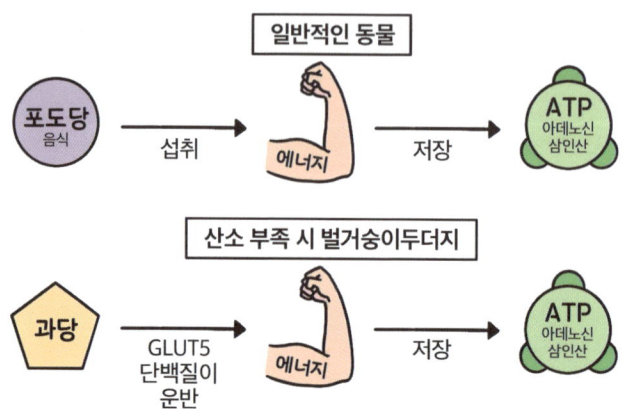

벌거숭이두더지의 에너지 저장의 비밀

에너지를 유지했던 것이죠. 이것은 오로지 식물에게서만 보이는 방식입니다. 어쩌면 벌거숭이두더지는 산소가 부족해지면 식물로 변해버리는 능력을 가지고 있는 것이 아닐까요?

연구진들은 벌거숭이두더지의 이런 능력을 연구해 산소가 부족한 환경이나 뇌졸중, 심장마비로 갑작스럽게 산소 공급이 차단된 순간에 더 오래 살아남을 수 있는 방법에 적용할 수 있을 것으로 기대합니다.

> 일단 알아두면 교양 있어 보이는 과학 용어

- **과당**: 단당류 중 하나로 꿀과 과일에 많이 들어 있다. 포도당보다 단맛이 더 강하며 간에서 포도당이나 지방으로 바뀐 뒤 에너지원으로 소비된다.

물 없이 30년을 생존하는 지구 최강 생명체는?

 지구는 온도와 대기 상태가 적당하고 물이 풍부해 생명체가 살기 좋은 조건을 가지고 있는 행성입니다. 지구에서 가장 추운 곳으로 알려진 남극에서도 동물들이 살아가는 것을 보면 생명체에게 지구는 최적의 서식지라고 할 수 있죠.

 인간은 환경에 빠르게 적응하지만 극한의 환경에서 살아남을 수 있는 신체를 가지지 못했기 때문에, 아주 덥거나 아주 추운 곳에서는 살아남기 어렵습니다. 하지만 매우 작은 이 생명체는 극한의 상황에서도 거뜬히 살아남을 수 있다고 합니다.

 끈질긴 생명력으로 대표적인 것이 바퀴벌레죠. 이 동물은 약 3억 5,000만 년 전부터 존재한 바퀴벌레보다 훨씬 더 이른 시점

물곰을 현미경으로 관찰한 모습

인, 약 5억 3,000만 년 전부터 존재했다고 알려져 있습니다.

이들은 완보동물문에 속하는 동물로, 물곰이라고 불립니다. 물곰은 작은 것이 0.1밀리미터 정도이고 전부 자라도 0.5밀리미터 정도밖에 되지 않는다고 합니다. 지금까지 1,000종 이상 발견된 것으로 보고되며, 암컷과 수컷이 구분되지만 암수한몸인 자웅동체 종도 있습니다. 타원형 몸에 8개의 다리가 있는 것이 특징인데, 걷는 모습이 곰과 비슷해서 곰벌레라고도 부릅니다.

극한의 건조함을 견디는 생존 기술

물곰들은 물속이나 습기가 많은 이끼에 주로 서식하지만, 물이 전혀 없는 사막이나 물이 얼어붙은 북극과 남극에서도 발견됩니다. 영하 272도까지 견뎌내고, 끓는 물은 물론 151도 이상의 온도에서도 생존합니다. 기압의 6,000배를 이겨내며, 공기가 전혀 없는 진공상태의 우주에서도, 방사능에 노출되어도, 끄떡없는 생존력을 보여주는 동물입니다. 일부 과학자들은 어느 날 지구에 커다란 운석이 충돌해 지구가 산산조각 나 모든 생명체가 멸종해도, 이들만은 생존할 것이라고 추측하기도 합니다.

물곰이 이렇게 뛰어난 생존력을 가진 이유는 '탈수가사'라는 엄청난 생존 기술 덕분입니다. 탈수가사는 극한의 건조함을 견디고, 물이 다시 공급되면 살아날 수 있는 상태를 말합니다. 물곰의 경우 탈수가사에 돌입하면 자신이 사용하던 에너지의 소모량을 0.01퍼센트까지 낮춥니다.

극한의 환경이 되면 물곰은 머리와 다리를 몸 안에 넣고 특수한 물질을 분비해 DNA나 세포가 손상되는 것을 방지합니다. 겉으로는 죽은 것처럼 보이지만, 실제로 이들은 소모되는 에너지를 최소화한 채로 극한의 상황을 버텨내고 있는 것이죠. 대부분의 생물은 물 없이 오랜 기간 버텨낼 수 없지만, 물곰은 이런 상태로 30년 이상 긴 시간을 생존할 수 있다고 합니다.

이렇게 탈수가사 상태에 있던 물곰은, 물이 공급되어 살아가기에 적합한 환경으로 바뀌면 물을 흡수해 특수한 물질을 녹여 정상 상태로 되돌아갑니다. 이런 이유 때문에 일부 과학자들은 물곰을 절대로 죽일 수 없다고 말하기도 하고, 아주 과거에는 물곰이 외계에서 온 생명체가 아닐까 하는 가설이 있었다고 합니

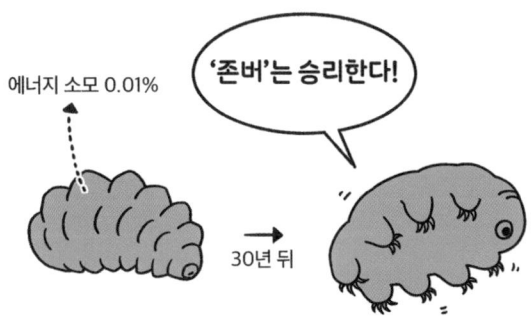

다. 과학자들은 물곰이 독성 물질을 견딜 수 있는지 계속 연구하는 한편, 이들의 생존 기술을 적용해 인간이 극한의 환경에서 살아남을 수 있는 방법도 연구하고 있습니다.

"강한 자가 살아남은 것이 아니라 살아남은 자가 강한 것이다"라는 말이 있습니다. 물곰은 지구에서 일어난 다섯 번의 대멸종에서도 살아남았는데, 이 말대로라면 그야말로 강한 자의 끝판왕이 되는 것입니다. 어쩌면 지구상에서 가장 강한 동물이라고 해도 과언이 아닐지도 모릅니다.

이렇게 강한 물곰은 어디에나 존재합니다. 여러분의 어깨 위에 있을 가능성도 아주 없진 않습니다. 하지만 크게 걱정할 것은 없습니다. 물곰은 인간을 별로 신경 쓰지 않고, 인간에게 위협을 가하지도 않거든요. 물곰은 아주 작아서 눈에 보이지 않지만, 혹시라도 만나게 된다면 예우를 갖추어 대하길 바랍니다. 이들은 지구상에서 가장 강한 동물이니까요.

강제로 숙주의 성별을 바꿔버리는 기생생물이 있다고?

아침에 일어나서 밥을 먹고 활동하다가 다시 잠들 때까지, 우리는 우리의 의지대로 움직입니다. 하지만 기생생물에 감염되면 의지와는 상관없이 행동하게 될 수 있습니다. 사람을 숙주로 하는 기생생물은 복통이나 설사를 일으키는 것이 대부분이지만, 동물을 숙주로 하는 기생생물은 그 동물의 행동까지 통제하곤 합니다. 그중 일부는 숙주의 성별을 바꿔버리기도 하죠.

갑각류의 일종인 따개비는 어릴 때는 바닷속에서 살다가 적당한 곳에 달라붙어 평생을 살아갑니다. 여러 종류의 따개비 중 주머니벌레Sacculina carcini는 게를 숙주로 합니다. 흔히 '기생 따개비'라고 불리는 이 주머니벌레는 바닷속을 떠다니다가 게의 관절이나 아가미를 통해 몸 안으로 들어갑니다. 그리고 가느다란 가지를 숙주의 몸에 넣어 영양분을 빨아들입니다. 기생 따개비는 여기에서 멈추지 않고 자손을 퍼트리기 위한 준비를 합니다.

이들은 숙주로 삼은 게의 알 주머니에 자신의 알을 낳습니다. 시간이 지나 알이 부화할 때가 되면, 기생 따개비는 게를 조종해 따개비의 알을 돌보고 바다에 풀어놓도록 합니다. 바다로 배출된 새끼 기생 따개비들은 바닷속을 떠다니다가 다른 게의 몸속으로 들어가 이 행위를 반복하면서 종족을 번식시킵니다. 그런데 놀랍게도 게는 이렇게 조종당하는 동안 자신이 감염됐다는 사실을 전혀 인지하지 못합니다. 심지어 자신의 알이 아닌데도 새끼를 낳을 수 있다는 사실에 행복해하며 알을 퍼트립니다.

게를 숙주로 삼는 기생 따개비

수컷 게가 암컷이 되는 과정

기생 따개비가 알을 낳을 수 없는 수컷에 기생하면 종족 번식을 할 수 없을 것 같지만, 게의 성별은 기생 따개비에게 그리 중요하지 않습니다. 수컷 게의 몸속에 들어간 기생 따개비는 게의 호르몬 균형을 방해해 생식 능력을 잃게 만듭니다. 그 결과 수컷 게는 고환이 퇴화하고, 난소가 발달하며 암컷과 같은 2차 성징이 나타납니다. 수컷으로 태어난 게도 기생 따개비에 감염되면 암컷으로 변하는 것이죠. 이런 현상을 '기생거세'라고 합니다.

이렇게 수컷 게를 암컷으로 바꾸는 이유는 암컷이 새끼를 돌보는 능력이 더 뛰어나기 때문입니다. 따개비는 보통 바위에 붙어 생활한다고 합니다. 그런데 아주 먼 옛날 한 따개비가 우연히 게의 껍데기에 달라붙게 되었고, 게의 몸속으로 들어가 영양분을 흡수하는 법을 배우면서 기생생물으로 진화한 것입니다. 기생충은 숙주가 죽어버리면 더 이상 살아갈 수 없습니다. 따라서 기생 따개비는 숙주의 몸에서 있는 듯 없는 듯 조용히 성장하면서 때를 기다리는 방법을 터득한 것이죠.

숙주 입장에서 보면 기생생물은 지구상에서 사라져야 할 존재처럼 느껴집니다. 하지만 이런 과정을 통해 숙주와 기생생물은 서로 새로운 능력을 개발하며 함께 진화해왔으며, 게와 기생 따개비의 관계는 자연계의 복잡한 상호작용을 보여주는 흥미로운 사례입니다.

펭귄은 어떻게 동상에 걸리지 않는 걸까?

과거에 인간은 동물들처럼 야생에서 살았지만, 문명이 발전하면서 실내에서 생활하게 되었습니다. 실내 생활에 적응한 인간은 동물처럼 털이 길게 나지 않기 때문에 체온을 유지하고 피부를 보호하기 위해 옷을 입거나 신발을 신습니다. 그리고 이런 것들은 추운 겨울이 되면 더 두꺼워지죠.

반면 동물들은 두꺼운 옷을 입지 않고도 추위를 잘 견딥니다. 특히 지구에서 가장 추운 지방인 남극의 펭귄은 신발을 신지 않고도 얼음 위를 자유롭게 누빕니다. 마치 발에 아무런 감각이 없는 것처럼 말이죠. 펭귄에게는 어떤 능력이 있는 것일까요?

영하 91도에서도 체온을 지키는 집단 생존법

남극은 최저기온이 영하 91.2도를 기록하는 지구상에서 가장 추운 곳입니다. 만약 인간이 아무런 장비 없이 이곳에 간다면 눈, 코, 입은 물론 몸속 장기까지 얼어버릴 것입니다. 이렇게 남극은 식물은 물론 동물도 살기 힘든 환경이지만, 펭귄, 물범, 고래 같은 동물은 이곳을 터전으로 잘 살아가고 있죠. 특히 펭귄은 남극을 대표하는 동물로, 조류로 분류되지만 날지 못하는 새로 잘 알려져 있습니다.

펭귄은 바람이 많이 부는 날에는 한곳에 모여 서로의 몸을 맞대 하나의 원을 만듭니다. 원 가장 바깥쪽의 펭귄은 바람 때문에 아주 춥지만, 원 안쪽의 펭귄은 다른 펭귄이 바람을 막아주고 체온을 공유해주어 따뜻하게 머물 수 있습니다. 그리고 어느 정도 시간이 지나면 이들은 서로 위치를 바꿉니다. 바깥쪽의 펭귄은 안쪽으로 들어와 몸을 녹이고, 안쪽의 펭귄은 바깥쪽으로 나가 바람을 막아줍니다. 펭귄들의 이런 행위를 '허들링'이라고 하는데, 이 덕분에 영하의 날씨에도 체온을 유지할 수 있습니다.

펭귄은 흰색 배와 검은색 등을 가지고 있죠. 이것은 펭귄의 가죽이 아니라, 털이 흰색과 검은색이라서 그렇게 보이는 것입니다. 펭귄을 가까이에서 살펴보면 수많은 털이 몸을 촘촘하게 뒤덮은 것을 알 수 있죠.

또한 펭귄의 꼬리 쪽에서는 특수한 기름이 분비되는데, 이것

펭귄들의 허들링

이 깃털에 퍼져 물속에 들어가도 깃털이 젖지 않게 해줍니다. 남극의 기온은 아주 낮아서 수영을 하면 몸에 묻은 물이 얼어붙고 맙니다. 하지만 펭귄은 이 기름 덕분에 몸에 물이 묻지 않으니 몸이 얼지 않고, 물이 증발하면서 체온을 빼앗아가는 일도 일어나지 않습니다.

  펭귄의 깃털은 겉과 안의 모양이 조금 다른데, 안쪽은 솜털로 되어 있습니다. 깃털의 개수가 아주 많은 데다 솜털이 촘촘하게 나 있어 몸에서 방출된 따뜻한 공기를 보관할 수 있습니다. 그리고 펭귄의 피부 아래에는 두꺼운 지방층이 있어 추위를 잘 견딥니다.

남극에 서식하는 황제펭귄

혈액의 온도를 유지하는 법

 얼음과 직접 맞닿는 펭귄의 발에도 추위를 막아주는 장치가 있습니다. 보통 심장에서 나온 뜨거운 피는 동맥을 타고 발바닥에 전달됩니다. 뜨거운 피 덕분에 발바닥이 따뜻해지겠지만, 차가운 얼음 위에 서 있다면 금세 체온이 식어 추위를 느낄 수밖에 없습니다. 이렇게 식어버린 차가운 피는 정맥을 타고 흘러 심장으로 돌아오면서 온몸을 춥게 만듭니다.
 하지만 펭귄의 발에 있는 동맥과 정맥은 서로 얽혀 있는 덕분에 발로 전달되는 피는 적당히 식고, 심장으로 돌아오는 피도 적

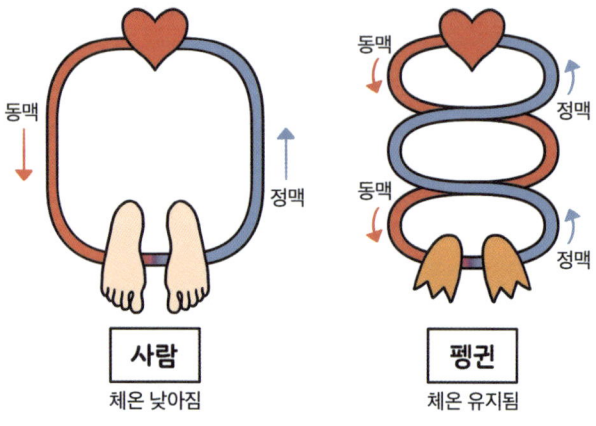

펭귄의 역류 열교환 현상

당히 데워져 추위를 느끼거나 동상에 걸리지 않습니다. 이러한 현상을 역류 열교환이라고 부르며, 이렇게 동맥과 정맥이 얽혀 있는 형태를 '원더네트'라고 합니다.

남극은 극한의 추위가 있는 지역이지만, 펭귄은 이런 환경에서도 살아남을 수 있는 그들만의 기술을 가졌습니다. 그리고 이런 기술들을 진화를 통해 습득했을 것으로 추측하고 있죠. 펭귄은 공룡시대가 끝나가는 시점인 약 6,500만 년 전부터 존재했다고 합니다. 이때부터 계속 진화하며 환경에 적응한 것이죠.

인간은 적응의 동물이라는 말이 있습니다. 하지만 인간의 조상인 오스트랄로피테쿠스는 펭귄보다 훨씬 늦은 약 500만 년 전에 지구에 출현했습니다. 펭귄의 이런 생존 기술을 보면, 적응의 동물이라는 타이틀은 인간보다 더 오랜 진화의 발자취를 남겨온 다른 동물들에게 더 어울리는 표현인지도 모르겠습니다.

일단 알아두면 교양 있어 보이는 과학 용어

- **동맥:** 심장에서 나온 깨끗한 피를 신체 각 부분에 공급하는 혈관
- **정맥:** 온몸을 순환하고 노폐물과 이산화탄소가 포함된 피가 심장으로 되돌아오는 혈관
- **오스트랄로피테쿠스:** 1924년에 남아프리카 타웅(Taung)에서 발견한 화석 인류. 약 300만 년 전에 생존했던 것으로 추정되며, 뇌 용량은 고릴라보다 약간 큰 정도이고 유인원의 특징이 있으나 완전한 직립보행을 했다는 점에서 인류에 가깝다.

지렁이는 반으로 잘리면 정말 두 마리가 될까?

인간의 입장에서 지렁이는 호감 가는 생김새를 하고 있지는 않습니다. 그래서 좋은 이미지는 아니지만 토양을 비옥하게 만들어 식물이 잘 자라게 해주고, 먹이사슬 최하층에 위치해 생태계를 유지하는 데 중요한 역할을 하기 때문에 지구에 없어서는 안 되는 동물 중 하나입니다.

지렁이는 약합니다. 그래서 쉽게 상처 나고, 찢어지고, 잘려 죽습니다. 그나마 다행인 것은 이들에겐 재생 능력이 있다는 것입니다. 이 능력이 얼마나 뛰어난지, 반으로 잘려도 두 마리가 된다는 이야기가 있을 정도죠.

지렁이는 언뜻 앞뒤 구분이 없어 보이지만, 자세히 보면 약간

다른 색깔을 띠는 부위를 찾을 수 있습니다. 이곳을 '환대'라고 하는데, 환대를 기준으로 앞뒤를 구분합니다. 환대 앞이 머리고 환대 뒤가 꼬리죠. 머리 부분에는 뇌와 심장을 비롯한 여러 장기들과 생식기관이, 꼬리에는 항문이 있습니다.

만약 어떤 원인에 의해 지렁이가 반으로 잘리면, 주요 장기가 있는 머리 부분에서는 재생 세포에 의해 다시 꼬리가 자라납니다. 그래서 반으로 잘려도 살아남을 수 있습니다. 하지만 꼬리 부분에는 재생 세포가 없기 때문에, 잘린 후 한동안 꿈틀거리다가 시간이 지나면 움직임을 멈추고 그대로 죽습니다.

지렁이는 수천 종이 있고, 이들 중 일부는 잘렸을 때 두 마리가 됩니다. 그런데 잘리는 위치에 따라 모든 장기가 재생되는 것은 아니라서 온전한 두 마리가 된다고 볼 수는 없습니다.

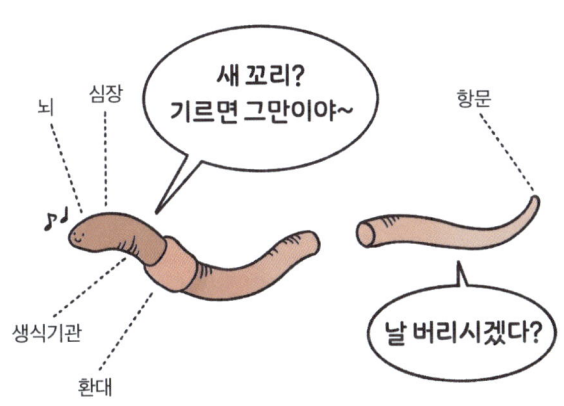

지렁이의 몸 구조

지렁이가 땅 위로 올라오는 이유

지렁이는 야행성이라서 주로 밤에 활동하고 낮에는 땅속에서 생활하지만, 비가 올 때는 아침에도 땅 위로 올라오곤 합니다. 그 이유가 땅이 젖으면 숨을 쉴 수 없기 때문이라고 알려져 있지만, 사실 지렁이는 물에 빠져도 2주 동안은 생존할 수 있습니다.

비가 올 때 지렁이가 땅 위로 올라오는 이유에는 여러 가지 설이 있습니다. 첫 번째는 두더지를 피하기 위해서라는 것입니다. 지렁이에게 두더지는 천적인데, 비 오는 소리가 두더지가 땅을 파며 접근하는 소리와 비슷하다고 합니다. 그래서 지렁이는 두더지가 다가온다고 착각해 땅 위로 올라온다는 것이죠.

두 번째는 이동의 편의성 때문이라는 것입니다. 땅 위에서는 땅속에서보다 빠르게 이동할 수 있습니다. 그런데 지렁이의 피

부는 항상 촉촉하게 유지되어야 하기 때문에, 화창한 날 땅 위로 올라오면 햇빛에 말라 죽게 됩니다. 하지만 비 오는 날에는 땅 위로 올라와도 그럴 염려 없이 자유롭게 이동할 수 있습니다.

또 다른 이유는 짝짓기에 유리하다는 것입니다. 땅 위로 올라오면 다른 지렁이를 쉽게 찾을 수 있으니까요. 하지만 땅 위로 올라오면 새나 다른 포식자들에게 쉽게 발견될 위험이 있기 때문에, 지렁이에게는 생존을 건 모험이라고 할 수 있겠네요.

일단 알아두면 교양 있어 보이는 과학 용어

+ **환대:** 지렁이, 거머리 등의 생물이 성숙했을 때 생기는 고리 모양의 띠. 이 표면으로부터 점액을 분비해 난포막을 형성하고 그 속에 난자를 낳는다.

카멜레온은 어떻게 몸 색깔을 마음대로 바꾸는 걸까?

모든 생물은 각자 생존에 필요한 무기를 가지고 있습니다. 인간은 높은 지능을 가지고 있고, 호랑이는 날카로운 이빨, 코끼리는 상아, 기린은 강력한 뒷발차기 능력을 가졌죠. 여러 동물 중 카멜레온은 자신의 몸 색깔을 주변 환경에 맞게 바꾸어 생존 확률을 높입니다. 자신의 몸 색깔을 마음대로 바꾸는 것이 신기한데, 카멜레온의 이 행동은 어떤 원리로 이루어지는 걸까요?

카멜레온은 주로 아프리카에 서식하지만, 일부 종의 경우 아시아나 유럽에 살고 있기도 합니다. 카멜레온의 눈은 360도로 돌아가는 구조입니다. 그래서 얼굴은 앞을 향하고 있어도 뒤쪽을 볼 수 있죠. 양쪽 눈알을 서로 다른 방향으로 굴릴 수도 있기 때문에 한쪽 눈으로 앞을 보고 다른 한쪽으로 뒤를 보는 것도 가능합니다.

카멜레온의 가장 큰 특징은 몸의 색깔을 바꾸는 것이죠. 과거의 학자들은 이런 색깔 변화가 카멜레온의 몸속 색소 때문이라고 생각했습니다. 만약 카멜레온이 색소를 이용해 몸의 색을 바꾸는 것이라면, 보유한 색소를 주변 색과 비슷하게 합성했다가 조합한 색을 다시 분해할 수 있어야 합니다. 그런데 생물이 자신의 몸에 다른 색을 섞은 뒤 다시 원래의 색으로 분해하는 능력을 갖기는 어렵습니다.

빛을 조작하는 반사판의 비밀

현대의 학자들이 카멜레온을 연구해본 결과, 카멜레온의 색깔 바꾸기는 색소가 아니라 피부에 그 비밀이 숨겨져 있었습니다. 빛(가시광선)은 우리 눈에 보이지 않지만 실제로는 파장에 따라 여러 색으로 나뉩니다. 이것을 '빛의 스펙트럼'이라고 합니다. 우리가 눈으로 어떤 물체를 보는 것은 빛이 물체에 반사되면서 우리의 눈으로 들어오기 때문입니다. 그리고 어떤 물체의 색깔을 보는 것은 물체가 빛의 파장 중 일부만 반사하고 나머지는 흡수하기 때문입니다. 예를 들어, 사과가 빨간색으로 보이는 이유는 사과가 빨간색 빛을 반사하고 나머지 빛은 흡수하기 때문이죠.

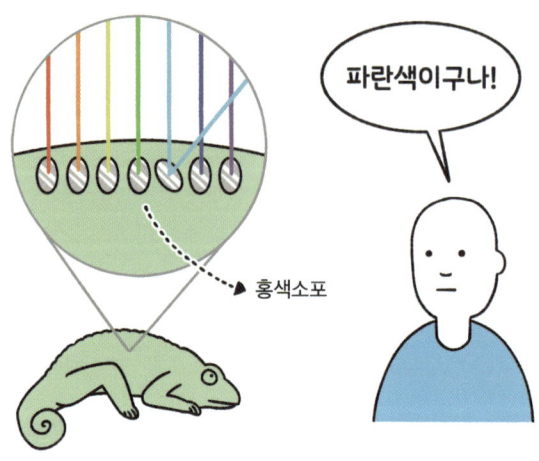

카멜레온 피부에 숨겨진 반사판

 카멜레온은 빛을 반사하는 두 개의 피부를 가졌습니다. 이들의 피부에는 빛을 반사할 수 있는 '홍색소포'라는 반사판이 존재합니다. 카멜레온은 피부를 수축하거나 이완해 홍색소포의 구조를 바꿀 수 있습니다. 쉽게 말해 피부에 있는 반사판을 조정해 특정 파장만 선택적으로 반사할 수 있다는 것이죠.
 예를 들어 자신이 빨간색으로 보이고 싶다면 반사판을 조정해 빨간색만 반사시키고, 파란색으로 보이고 싶다면 반사판을 조정해 파란색만 반사시키는 것입니다. 즉 우리 눈에 카멜레온이 노란색으로 보인다면, 실제로 카멜레온이 노란색이 된 것이 아니라 빛을 조작해 자신이 노란색인 것처럼 보이게 한 것입니다.
 카멜레온이 몸의 색깔을 바꾸는 이유는 천적으로부터 살아남기 위해서라고 알려져 있습니다. 하지만 카멜레온은 달리기 속도가 아주 빨라 굳이 색깔을 바꾸지 않아도 천적의 위협에서 재빨리 벗어날 수 있죠.

카멜레온은 자신의 기분을 표현하거나 의사소통을 할 때 몸의 색깔을 바꾼다고 합니다. 누군가를 유혹할 때는 밝은색으로 바꾸고, 라이벌이 나타났을 때는 어두운색으로 바꿉니다. 또 체온을 조절하기 위한 용도로 사용하기도 합니다. 너무 더울 때는 빛을 반사시키기 위해 밝은색으로 바꾸고, 너무 추울 때는 빛을 흡수하기 위해 어두운색으로 바꾸는 것이죠. 이런 능력 덕분에 카멜레온이 다른 동물에 비해 지구온난화에 쉽게 적응하고 있다고 추측하는 이들도 있습니다.

전기뱀장어가 화나면 물속 생물들은 다 죽을까?

 물고기 중에는 스스로 전기를 만들고 방출시키는 능력이 있는 피카츄 같은 녀석들이 있습니다. 이들을 전기어라고 하는데, 전기어 중 가장 유명한 것이 전기뱀장어입니다.
 전기뱀장어는 아마존강에 주로 서식하는 물고기로, 이름만 들었을 땐 장어의 한 종류인 것으로 생각할 수 있지만 장어보다는 잉어나 메기 쪽에 더 가깝습니다. 전기뱀장어는 처음 태어났을 때는 3센티미터 정도밖에 안 되지만 다 컸을 땐 2.5미터까지 자란다고 합니다. 이들은 눈을 가지고 있지만 시력은 좋지 못합니다. 그래서 진흙탕처럼 어두운 곳을 선호하며 주로 밤에 활동하죠.

전기뱀장어가 발생시키는 전기

전기뱀장어가 내뿜은 전기는 보통 600볼트(V)의 전압과 1암페어(A)의 전류를 가지고 있습니다. 2019년에는 전압이 860볼트까지 올라가는 전기뱀장어가 발견되기도 했습니다. 사람의 경우 0.1암페어의 전류를 받으면 목숨이 위험할 수 있습니다. 물고기는 사람보다 더 약한 데다 물속에 있기 때문에 전기뱀장어에게 속수무책으로 당할 수밖에 없습니다.

두꺼운 피부를 가진 악어도 당할 정도라니 전기뱀장어의 전기 공격이 얼마나 강한지 짐작해볼 수 있습니다. 그러니 강에 사는 물고기들은 전기뱀장어의 눈치를 보며 이들의 심기를 건드리지 않으려고 노력해야 할 것만 같습니다. 전기뱀장어가 화나는 순간 물고기들의 삶이 끝나버릴지도 모르니까요.

하지만 실제로 이런 일이 일어날 확률은 매우 적다고 합니다. 전기뱀장어는 공격적인 동물이 아닌 데다, 이들이 뿜어내는 전기는 순간적으로는 강력하지만 지속력이 떨어지기 때문입니다.

전기뱀장어의 전기 생산과 사용법

전기뱀장어의 몸에는 근육 세포가 변형되어 만들어진 전기 세포가 있습니다. 바로 이 전기 세포가 전기를 만들어내는 역할을 하는데, 몸의 80퍼센트가 전기 세포로 이루어져 있다고 합니다. 전기가 필요한 상황이 되면 전기뱀장어의 뇌가 전기 세포를 활

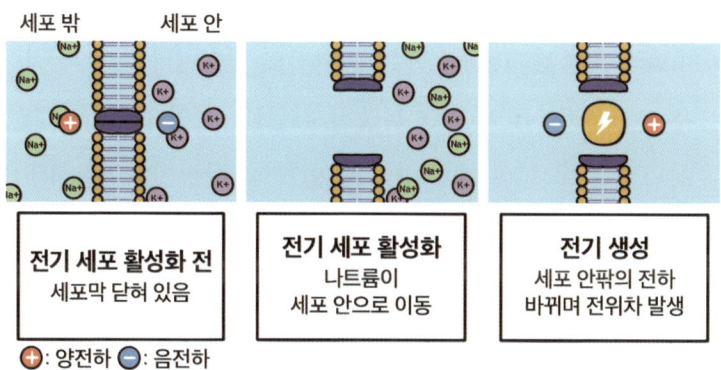

전기뱀장어가 전기를 만드는 과정

성화합니다. 세포에는 세포막이 존재합니다. 세포 밖에는 나트륨이, 세포 안에는 칼륨이 많이 있는데, 세포 안에는 단백질과 같은 음이온이 많아 음전하를 띠죠. 전기 세포가 활성화되면 세포막의 통로가 열려 나트륨 이온이 세포 안으로 이동합니다. 이러는 과정에서 이온의 농도 차이 때문에 세포 안이 양전하로 바뀌며 전위차가 발생하는데, 이것에 의해 전기가 만들어집니다.

전기뱀장어는 이렇게 만들어진 전기를 평소에도 조금씩 방출합니다. 시력이 안 좋아 전기를 방출해 길을 찾고 먹이를 탐지하는 것이죠. 그러다 먹이를 찾으면 좀 더 가까이 다가가 강한 전기를 방출해 먹이를 기절시키는 방식으로 사냥합니다.

전기뱀장어는 위험한 상황이 되면 최대 출력 전기 공격을 합니다. 전기 세포는 근육 세포가 변형된 것이기 때문에 전기 공격은 결국 근육을 쓰는 것이라고 볼 수 있습니다. 그래서 한번 최대 출력을 내면 그다음 전기 공격은 약해질 수밖에 없습니다. 우리가 한번 전력 질주를 하고 나면 그다음 전력 질주는 힘이 빠져 느려질 수밖에 없는 것처럼 말이죠.

이처럼 공격을 하면 할수록 공격력이 떨어지기 때문에 전기뱀장어는 꼭 필요한 상황이 아니면 잘 공격하지 않습니다. 어쩌다 전기뱀장어가 공격한다고 해도 강 전체에 전기가 통하는 것도 아니죠. 강에 서식하는 여러 동식물, 바위 등으로 인해 전기 공격은 다양한 저항을 받게 됩니다. 따라서 전기뱀장어를 화나게 한다고 해서 엄청나게 큰일이 일어나진 않습니다.

전기뱀장어의 피부는 전기에 어느 정도 면역을 가지고 있습니다. 그래서 강한 전기를 방출해도 자신은 피해를 입지 않는 것입니다. 하지만 피부에 상처가 난 경우, 자기 전기에 자기가 당하기도 합니다. 이에 대비해 전기뱀장어의 중요한 기관들은 머리 쪽에 위치해 있습니다.

일단 알아두면 교양 있어 보이는 과학 용어

- **전위차**: 전기장에서 두 지점 사이의 전기적 위치 에너지 차이. 양이온은 전위가 낮은 마이너스극으로, 음이온은 전위가 높은 플러스극으로 이동하는 과정에서 발생한다.

동물인데
광합성을 한다고?

 지구에 사는 생명체는 에너지가 없으면 살아갈 수 없습니다. 인간이나 호랑이, 토끼 같은 동물들은 음식을 섭취해 에너지를 만듭니다. 이들을 '종속 영양 생물'이라고 하죠. 그리고 나무나 꽃 같은 식물들은 광합성을 통해 스스로 에너지를 만듭니다. 이들을 '자가 영양 생물'이라고 하는데, 이것이 바로 동물과 식물의 가장 큰 차이점이라고 할 수 있습니다. 식물은 엽록체라는 세포 기관을 통해 광합성을 합니다. 엽록체는 식물이 녹색을 띨 수 있게 해주고, 빛을 흡수해 영양분을 만들어내는 역할을 합니다.

 다음의 사진에서 달팽이를 한번 찾아보세요. 아무리 봐도 나뭇잎밖에 보이지 않는다고요? 푸른민달팽이는 우리가 아는 일반

나뭇잎과 닮은 푸른민달팽이

적인 달팽이들이 가진 껍데기가 없기 때문에 찾기가 쉽지 않습니다. 게다가 마치 나뭇잎처럼 보이는 신기한 모습을 하고 있죠. 이들은 주로 갯벌이나 웅덩이, 얕은 개울에 사는데, 미국 동부 해안에서 많이 발견된다고 합니다.

엽록체를 몸속에 저장하는 신기한 방법

물속에 서식하며 광합성을 통해 에너지를 얻어 살아가는 작은 생물을 조류라고 하죠. 푸른민달팽이는 바로 이 조류를 먹고 삽니다. 조류는 광합성을 하기 때문에 엽록체를 갖고 있습니다. 푸른민달팽이가 조류를 먹으면 그 속의 엽록체까지 함께 먹게 되는데, 이때 엽록체는 소화되지 않고 몸속에 남습니다. 그리고 몸속에 남은 엽록체는 세포의 일부가 되어 푸른민달팽이가 녹색을 띠게 만들고, 빛을 흡수할 수 있는 능력을 줍니다. 즉 푸른민달팽이는 조류를 먹음으로써 광합성 능력을 흡수하는 것입니다. 동물이면서 식물의 능력을 가진 아주 독특한 생물이라고 할 수 있죠. 이렇게 두 가지 특징을 가지고 있는 생물을 '혼합 영양 생물'이라고 부릅니다.

미국 사우스플로리다대학교의 시드니 피어스 교수는 푸른민달팽이가 어떤 방법으로 엽록체를 흡수하는지에 대해 연구했습니다. 세균은 유전정보를 가진 염색체 DNA와 플라스미드라는 DNA를 가지고 있습니다. 플라스미드는 필수적인 유전정보를 가지고 있지 않아 세균이 살아가는 데 꼭 필요한 것은 아니지

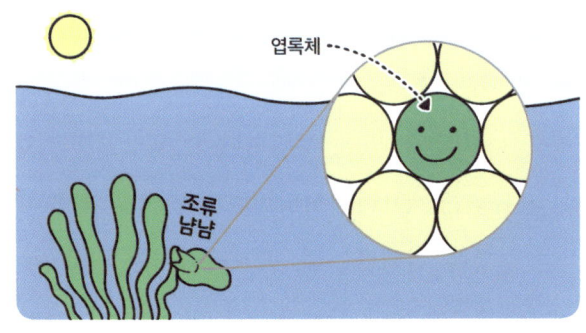

조류를 먹어 광합성 능력을 흡수하는 푸른민달팽이

만, 특정 환경에 적응하는 데 도움을 주는 유전정보를 가지고 있습니다. 예를 들어 X라는 항생제로 죽일 수 있는 A라는 세균이 있고, 플라스미드에 X에 대한 내성을 가지고 있는 B라는 세균이 있다고 해봅시다. A는 X가 많은 환경에선 살아갈 수 없습니다. B는 내성이 있기 때문에 X가 많아도 살아갈 수 있습니다.

플라스미드는 다른 세균에게 전달되기도 합니다. B가 가지고 있는 플라스미드가 A에게 전달되면 A는 X에 대한 내성을 갖게 되고, X가 많은 환경에서도 살아남을 수 있게 됩니다. 심지어 이것은 자식에게까지 전달되기도 하죠. 이런 유전자 전달 방식을 '수평적 유전자 전이'라고 말합니다.

시드니 피어스 교수에 따르면 푸른민달팽이는 플라스미드 형태, 즉 수평적 유전자 전이 형태로 엽록체를 전달받는다고 합니다. 엽록체를 전달받은 푸른민달팽이는 광합성을 할 수 있기 때문에 음식을 먹지 않아도 빛만 있으면 1년 정도 살 수 있습니다.

일부 연구진들은 이것을 인간을 포함한 다른 동물에게도 적용시킬 방법을 찾고 있습니다. 만약 동물이 엽록체를 가져 광합성을 할 수 있다면, 음식을 먹는 대신 일광욕으로 에너지를 얻어 식량 문제를 해결할 수 있을 것입니다. 실제로 하버드대학교의 파멜라 실버 교수는 제브라피시의 알에 광합성을 하는 미생물을 주입시키는 실험을 진행했는데, 제브라피시가 알을 깨고 나온 뒤에도 미생물은 2주 동안 살아남았고, 비록 극소량이지만 에너지를 물고기에게 제공했다고 합니다. 물론 이것을 인간에게 적

용하기까지는 아주 오랜 시간이 걸리거나, 어쩌면 불가능할지도 모릅니다. 하지만 만약 실험을 성공적으로 끝낼 수만 있다면, 우리도 바깥에서 햇빛을 쬐는 것만으로도 한 끼 식사를 한 것처럼 든든해지는 날이 올지도 모릅니다.

> **일단 알아두면 교양 있어 보이는 과학 용어**

- **플라스미드:** 염색체와 별개로 세포 안에 따로 존재하며, 스스로 복제되는 작은 DNA 조각. 다음 세대로도 안전하게 전달된다.

여우가 눈 속으로 다이빙하는 놀라운 이유는?

지구에 살고 있는 다양한 동물은 저마다 다채로운 습성을 가지고 있습니다. 그래서 인간의 입장에서 보면 도무지 이해할 수 없는 행동을 보이거나, 때로는 웃음을 터트리게 만드는 행동을 하기도 하죠. 혹시 인터넷을 하다가 여우가 눈 속으로 다이빙하는 장면을 본 적이 있나요? 그야말로 '맨땅에 헤딩'이라는 말이 어울리는 장면인데, 이들이 이렇게 눈 속으로 다이빙을 하는 이유는 무엇일까요?

붉은여우Vulpes vulpes는 여우 중 개체 수가 가장 많은 종으로 알려져 있습니다. 주로 쥐를 먹고 생활하지만, 잡식성이기 때문에 식물이나 과일을 먹기도 하죠. 아무리 잡식성이라고 해도 겨울이거나 추운 지방이라면 먹이를 구하기가 힘들어지는데, 붉은 여우는 특별한 능력 덕분에 다른 동물에 비해 쉽게 먹이를 구할 수 있습니다.

100미터 밖의 쥐 소리도 듣는다고?

붉은여우는 다른 여우들보다 더 진화했다고 평가받습니다. 특히 얼굴 쪽이 발달되어 소리를 듣거나 냄새를 맡는 능력이 뛰어납니다.

코에 있는 비갑개는 코로 호흡할 때 공기의 온도와 습도를 조절하고 냄새를 맡는 데 도움을 줍니다. 비갑개가 클수록 냄새를 잘 맡을 수 있는데, 붉은여우는 제법 큰 비갑개를 가졌습니다. 또 큰 귀를 가져서 멀리서 나는 소리도 잘 듣는데, 100미터 떨어진 곳에서 쥐가 찍찍대는 소리를 들을 수 있을 정도라고 합니다. 게다가 양쪽 귀를 각각 따로 움직일 수 있어서 소리가 어디에서 나는지 정확하게 알아낼 수 있습니다.

이런 능력 덕분에 붉은여우는 눈 속의 보이지 않는 존재를 감지할 수 있습니다. 눈 속에서 쥐가 움직이면 붉은여우는 눈 속에 있는 쥐의 냄새를 맡고 잠시 멈춰 쥐가 내는 소리에 집중합니다. 그리고 쥐가 가는 방향을 예측해 폴짝 뛰어올라 눈 속으로 다이빙합니다. 우리가 인터넷에서 본 장면은 여우가 사냥하는 모습

눈 속으로 다이빙하는 붉은여우

인 것입니다.

영상을 끝까지 보면 이내 여우가 쥐를 물고 올라오는 모습을 볼 수 있습니다. 붉은여우의 꼬리는 길고 풍성한데, 이는 점프했을 때 방향을 잡아주는 역할을 한다고 합니다.

붉은여우의 몸속 천연 나침반의 비밀

지구는 일종의 거대한 자석이기 때문에 자기장이 방출되는데, 이것을 '지자기'라고 합니다. 일부 동물은 '크립토크롬'이라는 단백질 덕분에 지자기를 볼 수 있는데, 철새가 대표적입니다. 붉은여우 역시 눈의 크립토크롬을 통해 지자기를 감지합니다.

 아무리 청각과 후각이 뛰어나다고 하더라도 보이지 않는 쥐를 사냥하는 것은 쉽지 않죠. 하지만 붉은여우는 지자기를 보는 능력 덕분에 쉽게 사냥에 성공합니다. 지구 자기장은 나침반처럼 항상 북쪽을 가리키는데, 붉은여우는 이 자기장의 방향을 기준 삼아 먹이까지의 거리를 더 정확하게 파악합니다. 실제로 붉은여우를 연구해본 결과, 여우가 자기장이 가리키는 북쪽에서 약 20도 동쪽으로 치우친 북동쪽 방향으로 점프하면 사냥 성공률이 74퍼센트였지만, 동쪽이나 서쪽 등 다른 방향으로 점프하면 성공률은 18퍼센트 미만이었습니다. 여우는 뛰어난 청각과 후각뿐만 아니라, 지자기로 먹잇감의 위치를 완벽하게 계산해내는 레이더까지 보유한 셈이죠.

 하지만 여우의 시력은 그리 좋지 않습니다. 빠르게 움직이는 물체는 볼 수 있지만 정지해 있는 물체는 잘 알아채지 못하죠. 그래서 오히려 가만히 있으면 사냥감으로 인식하지 못하는 경우도 있다고 합니다.

일단 알아두면 교양 있어 보이는 과학 용어

- **자기장**: 자석 주위, 전류 주위, 지구 표면과 같이 자기의 작용이 미치는 공간
- **크립토크롬**: 일부 동물의 세포 속에서 빛과 자기장을 감지하는 단백질의 한 종류

짝짓기 결투에서 패배하면 암컷이 된다고?

몸이 아주 납작해 '편형동물'이라고 불리는 이 동물은 물속이나 습하고 그늘진 곳에 주로 서식합니다. 몸이 좌우대칭을 이룬다는 특징을 가졌죠. 입은 있지만 항문이 없기 때문에 입으로 먹고 입으로 싸는 동물입니다.

편형동물은 기생하지 않는 와충강과 기생을 통해 살아가는 흡충강과 촌충강으로 나뉩니다. 몸을 자르면 각각 새로운 개체가 되는 것으로 유명한 플라나리아도 편형동물 중의 하나로 와충강에 속합니다.

와충강에 속한 편형동물은 약 4,500종으로 알려져 있습니다. 검은색이나 갈색처럼 단순한 색을 가진 종도 있고, 화려한 색을

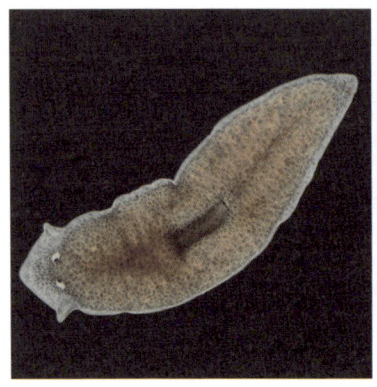 

단순한 색의 와충강, 플라나리아 화려한 색의 와충강

가진 종도 있습니다. 이들은 아메바나 짚신벌레 같은 원생동물이나 죽은 동물을 주로 먹는데, 일부는 굴이나 따개비 같은 동물도 먹는다고 합니다.

 와충강에 속한 편형동물은 암컷 생식기와 수컷 생식기를 동시에 가지고 있습니다. 이런 동물을 자웅동체라고 하죠. 이들의 짝짓기는 두 마리가 서로 만나 각자의 정자를 교환하는 식으로 이루어집니다. 자웅동체라면 혼자서도 새끼를 낳을 수 있을 것 같지만, 실제로는 대부분 다른 개체와 교배를 합니다. 자가수정보다는 서로 다른 유전자를 가진 개체끼리 교배해야 유전적 다양성을 확보할 수 있고, 환경 변화에도 더 잘 적응할 수 있기 때문입니다.

그들은 왜 수컷이 되려는 걸까?

와충강에 속한 편형동물의 짝짓기는 굉장히 특이합니다. 역동적이고, 격렬하고, 전투적이죠. 이들은 단검이라고 불러도 손색이 없을 정도로 날카롭고 뾰족한 두 개의 음경을 가지고 있습니다. 이 음경을 상대방 피부에 찔러 넣어 자신의 정자를 보내면 짝짓기가 끝나는 것이죠. 이때 정자를 보낸 쪽은 수컷이 되고, 정자를 받은 쪽은 암컷이 됩니다.

암컷이 된 편형동물은 자식을 낳고 키우는 데 집중해야 합니다. 평소보다 더 많은 에너지가 필요하기 때문에 더 많이 먹어야 하죠. 수컷이 된 편형동물은 암컷을 돌보지 않고 자신의 정자를 다른 편형동물에게 보내기 위해 곧바로 떠나버립니다. 암컷은 혼자서 육아를 담당하게 되는 것이죠.

이런 이유로 와충강 편형동물들은 암컷이 되려고 하지 않습니다. 모두가 자신의 음경을 상대의 피부에 찔러 넣길 원하죠. 하지만 누군가는 암컷이 되어야 합니다. 그래서 짝짓기를 할 때면 격렬한 전투가 펼쳐집니다. 단 한 번 찔리는 것으로 암컷이 될 수 있기 때문에 절대 방심해서는 안 됩니다. 그래서 이들의 짝짓기 전투는 한 시간가량 지속되기도 합니다.

음경에서 정자를 방출할 때 피부를 녹이는 물질도 같이 내보내기 때문에 암컷이 된 편형동물의 몸에는 상처까지 남게 됩니다. 이런 짝짓기 방식을 페니스 펜싱 Penis Fencing, 즉 '음경 검투'

라고 부릅니다.

그런데 전투에서 이겨 수컷이 되었다고 하더라도 안심할 수는 없습니다. 여전히 두 개의 생식기를 가지고 있기 때문에, 다른 편형동물과 싸워 패배하면 언제든 암컷이 될 수 있거든요. 어쩌면 자신의 자식과 페니스 펜싱을 해서 자식의 아내가 되는 경우가 발생할지도 모릅니다.

> **일단 알아두면 교양 있어 보이는 과학 용어**
>
> + **원생동물**: 단세포로 된 원시적인 동물로 세포분열이나 발아에 의해 번식한다.
> + **자가수정**: 암수한몸인 동물에서, 난자가 같은 몸에서 만들어진 정자를 받는 일

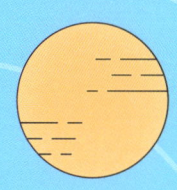

PART 03

살아남기 위해 몸을 바꾼 진화와 적응의 마술사들

넙치의 얼굴은 어쩌다 이 모양이 되었을까?

횟감이나 매운탕 재료로 인기가 많은 물고기인 넙치는 광어라는 또 다른 이름으로도 불립니다. 다른 물고기와 달리 몸통이 넓적하고, 물 바닥에 몸을 뉘다시피 붙이고 활동하는 독특한 습성을 지녔죠. 게다가 찌그러진 얼굴 역시 인상적인데요. 넙치의 얼굴은 도대체 왜 이렇게 생긴 걸까요?

넙치가 처음부터 이런 얼굴로 태어나는 것은 아닙니다. 막 태어난 새끼 넙치는 눈이 좌우 양쪽에 달린 다른 물고기와 비슷한 얼굴을 하고 있습니다. 그러다 부화한 지 20일 정도가 지나면, 눈이 점점 한쪽으로 몰립니다. 그리고 자연스럽게 바닥으로 내려가 생활합니다.

바닥에 누워 생활하는 넙치

넙치는 바다에서 생활하지만, 먹잇감이나 천적은 주로 넙치보다 위쪽에 있습니다. 그래서 넙치에게는 앞보다 위를 보는 것이 더 중요합니다. 두 눈이 양쪽에 달려 똑바로인 자세보다, 한쪽에 몰려 있고 옆으로 누운 자세가 위쪽을 살피는 데 더 유리하죠. 이런 이유로 넙치는 독특한 생김새를 가지게 되었습니다. 또한 물고기는 죽으면 옆으로 눕는데, 넙치처럼 항상 누워 있는 듯한 모습은 죽은 것처럼 보이기 때문에 천적의 눈을 피하거나 먹잇감을 사냥하는 데 도움이 될 수 있습니다.

넙치의 눈 변천사

넙치의 이런 모습은 생물학자들에게 엄청난 의문점이었습니다. 바닥에서 생활하는 가오리는 얼굴이 찌그러지지 않았는데, 넙치는 이런 얼굴을 하고 있었기 때문이죠. 1933년 독일의 유전학자 리처드 골드슈미트는 어느 날 눈이 한쪽으로 몰린 넙치가 등장했고, 이 넙치가 살아남아 자손을 번식하면서 넙치의 얼굴이 이렇게 된 것이라고 주장했습니다. 하지만 이에 대한 명확한 증거는 없었습니다.

일부의 생물학자들은 넙치의 눈이 한쪽으로 점점 몰리는 방식으로 진화했다고 주장했습니다. 이 주장이 맞으려면, 양쪽에 눈이 있는 초기 넙치와 한쪽에 눈이 몰려 있는 현대 넙치 사이에 눈의 위치가 이동하고 있는 '중간 단계' 넙치 화석이 발견되어야 합니다. 하지만 오랫동안 이런 화석이 발견되지 않아, 넙치의 얼

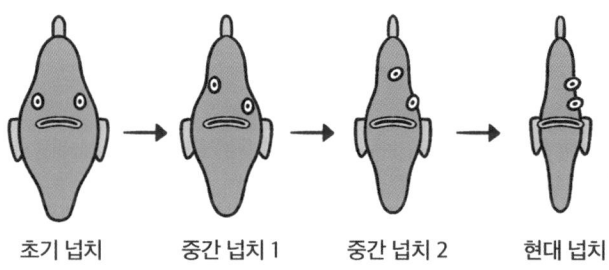

넙치의 진화 과정

굴에 대한 미스터리는 풀리지 않는 듯 보였습니다.

그러던 중 2000년대에 들어서, 진화생물학을 공부하던 매트 프리드먼이 유럽 곳곳을 돌던 중 특별한 물고기 화석을 발견하게 됩니다. 이 화석은 암피스티움Amphistium이라고 불렸는데, 넙치와 상당히 닮은 모습을 하고 있었습니다. 한쪽 눈은 일반적인 위치에 있었지만, 다른 한쪽 눈은 머리 쪽으로 이동해 있었던 것이죠. 암피스티움 화석을 연구한 이후, 프리드먼은 오스트리아 빈 자연사박물관에 소장된 또 다른 물고기 화석인 헤테로넥테스Heteronectes의 존재를 알게 되었습니다. 헤테로넥테스 역시 넙치와 닮았고, 한쪽 눈이 머리 쪽에 위치해 있었습니다.

매트 프리드먼이 이 두 화석을 비교 분석해본 결과, 암피스티움과 헤테로넥테스가 넙치의 조상임을 확인했습니다. 이를 통해 넙치의 눈이 점차 한쪽으로 몰리는 방식으로 진화했다는 주장이 과학적으로 입증되었습니다.

넙치는 왜 바다 생활자가 되었나

그렇다면 여기서 좀 더 근본적인 궁금증을 해결해봅시다. 넙치는 왜 바다에 내려가서 생활하는 것일까요? 물속에 사는 물고기는 '부레'라는 공기 주머니를 가지고 있습니다. 물고기들이 물속에서 자유롭게 위아래로 움직일 수 있는 것이 바로 이 부레 덕

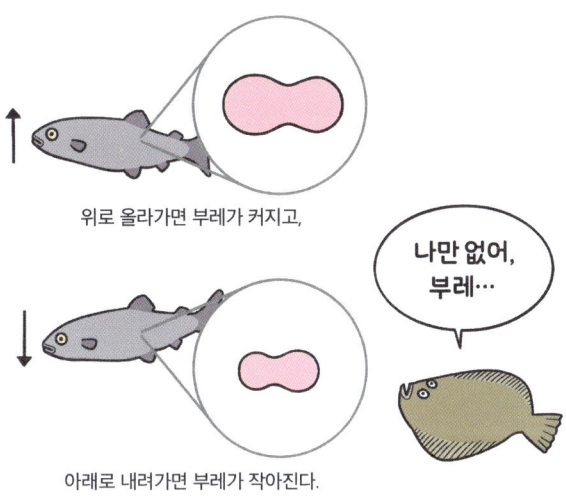

위로 올라가면 부레가 커지고,

아래로 내려가면 부레가 작아진다.

나만 없어, 부레…

분입니다. 위로 올라가고 싶다면 부레의 공기 양을 늘리면 되고, 아래로 내려가고 싶다면 부레의 공기 양을 줄이면 됩니다. 어린 넙치는 부레를 가지고 있지만, 자라면서 점점 사라진다고 합니다. 부레가 없으니 위아래로 자유롭게 이동할 수 없고, 그 때문에 바닥에 내려가서 생활하는 것입니다.

즉 넙치는 부레가 없어서 바닥에서 생활하게 되었고, 바닥에서 생활하려면 앞보다 위를 보는 것이 더 중요하므로 지금의 얼굴로 진화한 것이죠. 넙치와 비슷한 생김새를 가진 물고기로 가자미가 있습니다. 가자미의 눈이 한쪽으로 몰린 이유도 넙치와 같습니다. 눈이 어느 쪽에 몰려 있는가에 따라 두 물고기를 구분하는데, 왼쪽에 몰려 있으면 넙치, 오른쪽에 몰려 있으면 가자미입니다.

믿을 수 없는 모습으로 춤을 추는 새의 비밀은?

 세계에서 두 번째로 큰 섬으로 알려진 뉴기니에는 독특한 생김새를 가진 새가 살고 있습니다. 단순하게 생긴 까만 몸에 동그란 두 눈과 커다란 입. 마치 만화에나 나올 것 같은 모습에 인터넷에서는 합성한 사진이 아니냐며 갑론을박이 벌어지기도 했죠. 하지만 놀랍게도 이 새는 현실에 존재합니다. 그리고 실제로도 사진과 같은 모습을 하고 있습니다.

 이 새의 이름은 어깨걸이극락조, 최고극락조Lophorina superba입니다. 몸길이는 26센티미터 정도로 참새보다 조금 큰 크기를 가졌습니다. 사실 최고극락조가 언제나 이런 모습을 하고 있는 건 아닙니다. 평소 모습은 다른 새와 크게 다르지 않죠. 독특한 점이

최고극락조가 장식깃을 펼친 모습

있다면 눈 위쪽과 가슴 부분에 있는 청록색 깃털, 등에 있는 망토 같은 깃털입니다. 이것은 수컷의 특징으로, 암컷은 갈색 줄무늬의 비교적 평범한 모습을 하고 있습니다.

지구상에서 가장 검은 깃털의 주인

최고극락조는 암컷과 수컷의 개체 수 차이가 굉장히 큰 동물 중 하나입니다. 암컷의 수가 훨씬 적어서 암컷과 짝짓기를 하기 위해 수컷 15~20마리가 경쟁한다고 합니다. 그래서 수컷들은 암컷에게 선택받기 위한 독특한 구애 방법이 필요했죠.

수컷은 먼저 큰 소리를 내 암컷의 흥미를 유도합니다. 호기심을 느낀 암컷이 수컷에게 다가오면, 수컷은 등에 있는 망토 같은 깃털과 가슴의 청록색 깃털을 활짝 펼쳐 암컷에게 보여줍니다. 그리고 암컷의 선택을 기다리며 주위를 폴짝폴짝 뛰며 돌아다닙니다. 즉 우리가 인터넷에서 본 최고극락조의 모습은 짝짓기를 하기 위한 수컷의 구애 장면인 것이죠.

수컷 극락조는 선택을 받을 때까지 이런 행위를 계속합니다. 때로는 몇 시간이 걸리는 경우도 있다고 합니다. 이들의 구애 모습은 정면에서 보면 조금 특이하게 보이지만, 측면에서는 일반적인 새의 모습이 확실히 보입니다.

수컷 극락조는 다른 까만 동물에 비해 유독 더 어둡게 보이기도 합니다. 하버드대학교 생물학과 연구팀이 최고극락조의 깃털을 연구한 결과, 깃털이 촘촘하게 박혀 있으면서 서로 얽혀 있다는 사실이 밝혀졌습니다. 이러한 구조 때문에 빛이 반사되지 못하고 깃털에 갇혀버리는 것입니다.

보통 까만 동물은 95~97퍼센트의 빛을 흡수합니다. 이에 비해 최고극락조는 깃털의 특수한 구조 덕분에 99.95퍼센트의 빛을 흡수한다고 합니다. 그래서 다른 동물보다 훨씬 더 까맣게 보

이는 것이죠. 이들의 빛깔은 자연계에서 볼 수 있는 가장 짙은 검은색이라고 합니다.

수컷 극락조는 암컷에게 선택받기 위해 청록색의 깃털을 더 돋보이게 만들어야 합니다. 그래서 청록색 깃털의 배경이 되는 검은 깃털이 점점 더 어두워지는 방향으로 진화했을 것으로 추측됩니다.

거북이의 등 껍데기 속에는 뭐가 들었을까?

 바다에 주로 살며 특이하게도 단단한 껍질을 가지고 있는 동물, 거북이. 우리는 이 껍질을 '등껍질'이라고 부르곤 하는데, 사실 껍질은 어떤 것을 감싸고 있는 부드러운 것을 말합니다. 예를 들어 과일 껍질처럼요. 따라서 거북이의 등에 있는 것은 단단한 물질을 뜻하는 껍데기라고 해야 정확한 표현입니다. 하지만 왜 인지 모르게 부드러운 돼지의 껍질은 돼지 껍데기라고 하고, 단단한 거북이의 껍데기는 거북이 등껍질이라고 부르고 있습니다.
 거북이는 만화나 영화, 게임 같은 곳에 자주 등장하는 동물입니다. 이들은 위급한 상황이 되면 껍데기에 숨기도 하고, 공격을 받으면 껍데기가 벗겨지는 모습으로 표현되죠. 그래서 실제로도 거북이가 자신의 껍데기를 마음대로 벗을 수 있는 것인지 의문이 생깁니다.

거북이를 찢지 마세요

거북이의 껍데기는 두 가지로 나눌 수 있습니다. 등 부분의 껍데기인 배갑과 배 부분의 껍데기인 복갑입니다. 악어의 피부가 딱딱하게 변하거나 소라게가 단단한 껍데기를 찾아 이사를 하는 것과 다르게, 거북이의 껍데기는 척추뼈와 갈비뼈가 진화해 만들어진 것입니다. 그리고 브릿지라고 부르는 부분이 배갑과 복갑을 연결해주고 있습니다.

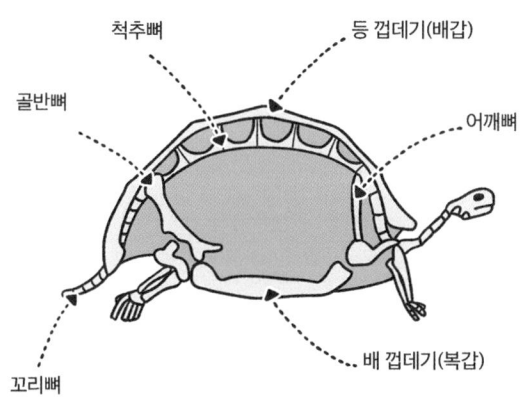

거북이의 뼈 구조

거북이의 껍데기 내부를 보면 어깨뼈와 골반뼈가 연결된 것을 확인할 수 있습니다. 즉 거북이의 껍데기는 벗겨지거나 빠져나올 수 있는 하나의 독립된 개체가 아니라, 거북이와 하나로 연결된 신체 일부입니다. 여러 매체에서 거북이의 등 껍데기가 벗겨지는 모습으로 표현되지만 실제로 이것은 일어날 수 없는 일인 것입니다. 게다가 거북이의 껍데기 내부에는 심장, 폐, 간, 창자 등 거북이가 살아가는 데 필요한 여러 장기가 들어 있습니다. 혹시나 해서 거북이의 껍데기를 벗기려고 한다면, 그것은 거북이를 찢는 것과 같은 행동입니다.

대멸종에도 살아남은 생존 비결

이런 맥락에서 보면, 거북이가 껍데기를 가지게 된 이유가 연약한 신체를 보호하기 위해서일 것이라고 짐작하게 됩니다. 하지만 미국의 고생물학자 타일러 라이슨이 거북이의 조상으로 볼 수 있는 에우노토사우루스의 화석을 연구해본 결과, 놀랍게도 거북이는 땅을 잘 파기 위해 껍데기를 가지게 되었다고 합니다.

거북이는 척박한 환경에서 살아남기 위해 땅을 파는 선택을 했는데, 땅을 잘 파기 위해선 앞발을 지지해줄 무언가가 필요했습니다. 그래서 척추뼈와 갈비뼈가 넓어지는 쪽으로 진화하게 되었죠. 그 덕분에 땅을 파 안전하게 알을 낳을 수 있었고, 지구

상의 육상생물 70퍼센트, 해양생물 96퍼센트가 사라진 것으로 알려진 페름기 대멸종에서도 살아남을 수 있었습니다. 처음에 거북이의 껍데기는 땅을 파기 위해 만들어졌지만, 이제는 그것이 거북이의 신체를 보호하는 역할도 하고 있는 것입니다.

일단 알아두면 교양 있어 보이는 과학 용어

- **페름기**: 고생대의 마지막 시대로 약 2억 9,000만 년 전부터 2억 4,500만 년 전까지의 시기

애벌레가 뱀으로 변신한다고?

지구상의 모든 생물은 험난한 세상에서 살아남기 위한 각자의 무기를 가지고 있습니다. 뛰어난 지능을 가진 인간, 날카로운 이빨과 발톱을 가진 호랑이, 그 밖에도 뿔, 독, 단단한 껍데기 등을 가진 동물이나 결속력을 가진 동물도 있습니다. 그런데 이들 중에는 위험한 상황에 처하면 무시무시한 모습으로 변신하는 신기한 동물도 있다고 합니다.

스핑크스나방Hemeroplanes triptolemus은 코스타리카에 주로 서식하며, 남미 전역에 분포하는 것으로 알려져 있습니다. 스핑크스나방 애벌레는 평소에는 귀여운 모습을 하고 있지만, 위협을 느끼면 모습이 많이 달라집니다.

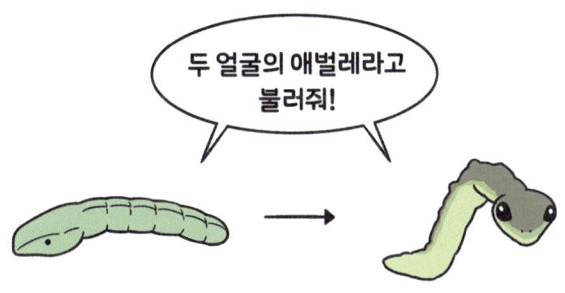

스핑크스나방 애벌레의 의태

　이들의 머리 표면에는 작은 구멍이 있는데, 위협을 느끼면 몸을 뒤집고 구멍으로 공기를 빨아들여 머리를 부풀립니다. 그러면 귀여운 모습은 온데간데없이 애벌레의 천적들이 두려워할 만한 독사의 모습으로 변하게 됩니다. 게다가 애벌레는 여기에서 그치지 않고, 천적들을 더 확실하게 속이고 그와 동시에 위협하기 위해 실제로 뱀이 사냥하는 것처럼 머리를 흔들기까지 합니다.
　물론 진짜 뱀으로 변하는 것은 아니므로 실제로 천적들을 물 수는 없습니다. 하지만 진짜 뱀처럼 보이기 때문에 이런 위장 전략은 꽤 큰 효과를 보입니다. 이렇게 자신의 몸을 보호하기 위해 다른 동물의 모습을 따라 하는 것을 '의태'라고 합니다.

의태 방식에 따라 달라지는 생존 시나리오

의태에는 뮐러 의태와 베이츠 의태가 있습니다. 뮐러 의태는 독이 있는 종끼리 서로 닮는 것인데, 장수말벌과 좀말벌이 여기에 해당합니다. 뮐러 의태는 의태 종과 포식자 모두가 이득을 보는 의태 방식으로, 포식자 입장에선 장수말벌이 위험하다는 것만 학습하면 좀말벌의 위험성을 굳이 경험하지 않아도 학습을 통해 알게 되니 좀말벌을 피할 수 있습니다.

베이츠 의태는 약하고 독이 없는 종이 위험한 종을 따라 하는 것으로, 스핑크스나방 애벌레가 여기에 해당합니다. 스핑크스나방 애벌레는 코스타리카에 서식하고 있는 초록앵무뱀Leptophis ahaetulla을 따라 하는 것으로 알려져 있습니다. 베이츠 의태의 경우, 의태 종은 이득을 보지만 의태의 모델이 되는 종은 피해를

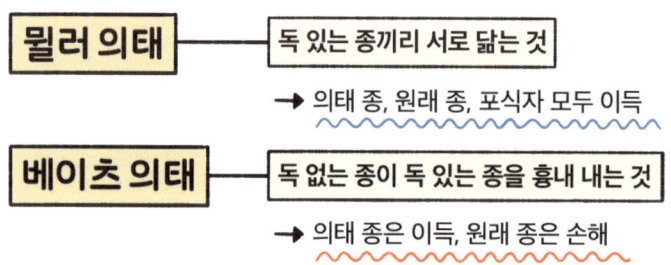

뮐러 의태와 베이츠 의태

보게 됩니다. 만약 포식자가 위험을 무릅쓰고 애벌레를 먹었는데 맛있었다면, 이후 초록앵무뱀을 애벌레로 착각해 공격할 수 있기 때문이죠. 그래서 의태 종은 모델을 따라가는 쪽으로 진화하고, 모델은 다른 모습으로 바뀌는 쪽으로 진화한다고 합니다.

이렇게 위기의 순간 겉모습을 바꿔 천적으로부터 살아남은 스핑크스나방 애벌레는 애벌레에서 번데기, 그리고 나방이 된 뒤 30일 정도 살고 생을 마감합니다.

알고 보면 슬픈 도마뱀 꼬리 재생의 비밀은?

 피부에 상처가 나면 피부 속 세포들은 상처를 치료하고 피부를 재생하기 위해 활발하게 움직입니다. 그렇게 시간이 지나면 상처가 아물고 새살이 돋아나죠. 하지만 절단과 같이 상처가 아주 클 때는 원래의 상태로 재생되지 못합니다. 엄청난 회복 능력을 가진 울버린이나 데드풀 같은 영화 속 등장인물이 부러워지는 순간입니다. 이들의 능력이 영화 속에만 존재할 것 같지만, 실제로 지구 생명체 중 울버린이나 데드풀과 같은 능력을 가진 생물이 있습니다. 대표적인 것이 바로 도마뱀이죠.

초능력에 가까운 감각기관과 반사 신경

　도마뱀의 눈은 다가오는 적을 빨리 감지할 수 있는 구조입니다. 눈알이 360도로 돌아가고, 안구를 각각 따로 움직일 수 있죠. 도마뱀은 후각도 좋습니다. 코모도왕도마뱀이라는 도마뱀은 최대 10킬로미터 밖의 고기 냄새를 맡을 수 있다고 합니다.

　도마뱀의 감각기관이 이처럼 발달한 것은 대부분의 도마뱀이 약하기 때문입니다. 적에게 살아남기 위해서는 더 멀리 내다봐야 했고, 생존을 위해 먼 곳에 있는 먹잇감의 냄새도 맡을 수 있어야 했죠.

　도마뱀의 꼬리도 생존에 유리한 방향으로 발달되었습니다. 도마뱀은 천적을 만나면 꼬리를 끊고 도망갑니다. 그러면 끊어진 꼬리가 마치 살아 있는 것처럼 꿈틀대는데, 천적이 꼬리에 한눈판 사이 모습을 감추는 것이죠.

　도마뱀의 꼬리는 잘리는 위치가 정해져 있습니다. 이곳을 탈리절이라고 하며, 쉽게 절단됩니다. 피부가 잘리는 것이지만, 절단되는 즉시 혈관과 근육이 수축해 피가 많이 나지는 않습니다.

　도마뱀의 꼬리 절단은 신체의 행동을 제어하는 중추신경계에서 내리는 명령에 의해 이루어집니다. 누군가 우리를 위협하면 본능적으로 머리를 먼저 가리는 것처럼, 도마뱀도 생존을 위해서 반사적으로 꼬리를 자르는 것이죠. 이처럼 생존을 위해 자기 몸의 일부를 절단하는 것을 '자할' 또는 '자절'이라고 합니다.

꼬리 재생에 따르는 대가

도마뱀이 꼬리를 끊는 것은 생존을 위한 최후의 선택입니다. 꼬리 절단은 한 번 사용하면 두 번 다시 사용할 수 없거든요. 종에 따라 수개월에 걸쳐 도마뱀의 꼬리는 재생되지만, 여기에는 꼬리뼈가 없습니다. 탈리절 역시 생성되지 않기 때문에 다시 꼬리를 끊고 달아날 수 없는 것이죠.

도마뱀은 꼬리에 많은 영양분을 저장합니다. 따라서 꼬리를 절단하면 저장해둔 영양분을 잃게 되어 성장에 영향을 미칩니다. 꼬리 재생에는 많은 에너지가 필요한데, 저장된 영양분도 잃고 그나마 남아 있던 영양분도 꼬리 재생에 써야 하기 때문에 다른 신체 부위의 성장이 멈추게 되죠.

게다가 도마뱀의 꼬리는 평소 균형을 잡거나 방향을 전환할 때 사용됩니다. 꼬리가 잘리면 재생될 때까지 이 기능을 원활하게 사용할 수도 없죠. 그래서 무리에서 떨어지거나 또다시 천적에게 노출될 확률이 높아집니다.

어떤 조직으로든 발달할 수 있는 세포를 줄기세포라고 합니다. 꼬리가 잘린 부위에는 이 줄기세포가 많아서 꼬리가 재생될 수 있는 것입니다. 하지만 재생된 꼬리는 처음의 꼬리와 색깔도 다르고 크기도 다르다고 합니다. 도마뱀은 총 16개 과로 나뉘는데 이 중 11개 과의 도마뱀만 꼬리를 자를 수 있고, 여기에서도 일부만이 꼬리를 재생할 수 있습니다.

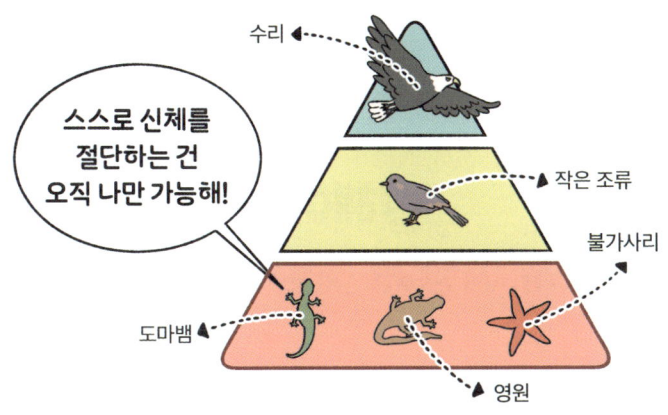

먹이사슬에서 도마뱀의 위치

　신체의 일부가 재생되는 능력은 진화가 덜 된 하등동물, 즉 먹이사슬의 가장 아래쪽에 위치한 동물에게서 많이 나타납니다. 도롱뇽은 다리가 잘려도 피부와 함께 뼈까지 재생되죠. 개구리처럼 생긴 영원은 눈도 재생되고, 불가사리는 잘게 썰리면 각 조각이 하나의 불가사리로 다시 재생됩니다. 하지만 이들은 도마뱀처럼 스스로 신체를 절단하는 자절 능력을 가진 것이 아니기 때문에, '재생 능력' 하면 도마뱀이 가장 먼저 떠오르는 것 아닐까 생각됩니다.

일단 알아두면 교양 있어 보이는 과학 용어

◆ **중추신경계**: 동물의 신경이 집중된 자극의 전달 통로

심해어는
왜 이렇게 못생겼을까?

　지구에는 많은 종류의 동물이 살고 있습니다. 그리고 그들의 생김새는 모두 다르죠. 인간의 관점에서 정말 멋지게 생긴 동물도 있고, 귀엽고 호감 가는 얼굴을 가진 동물도 있고, 상상만 해도 소름 끼치는 모습을 한 동물도 있습니다. 그리고 햇빛도 닿지 않는 바다 깊은 곳에 사는 기괴한 생김새의 동물도 있죠. 이들을 심해어라고 합니다. 심해어 중에는 정말 말도 안 되게 못생긴 녀석도 존재합니다. 심해어는 왜 이런 모습을 하고 있는 걸까요?

　햇빛이 잘 들어 광합성이 활발히 일어나고, 덕분에 다양한 종류의 생물이 서식하는 지역을 대륙붕이라고 합니다. 보통 수심 200미터까지를 대륙붕으로 보는데, 이곳에 바다 생물의 90퍼

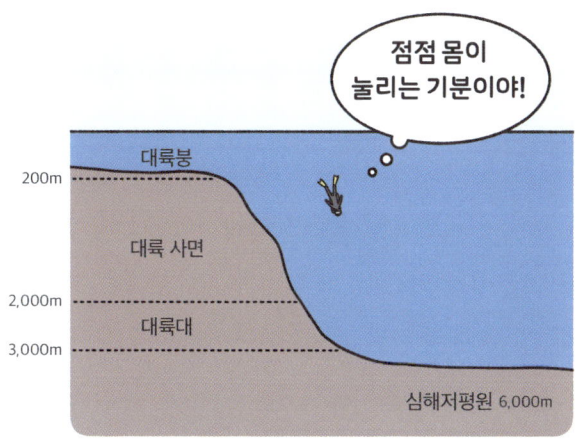

해저 지형별 수심

센트가 살고 있습니다. 대륙붕이 끝나는 지점부터 경사가 급격히 가팔라지는 곳을 대륙 사면이라고 합니다. 보통 수심 2,000미터까지를 대륙 사면으로 봅니다. 대륙 사면이 끝나는 지점부터 경사가 다시 완만해지는 곳을 대륙대라고 합니다. 보통 수심 3,000미터까지를 대륙대로 봅니다. 그리고 수심 6,000미터 아래 넓게 펼쳐진 평탄한 지형을 심해저평원이라고 합니다.

심해 생물이 견디는 극한의 환경

바다 깊이 내려갈수록 점점 빛이 들어오지 않아 어두워지는데, 2,000미터까지 내려가면 햇빛이 전혀 들어오지 않아 완전한 어둠이 시작됩니다. 바로 이곳을 심해라고 부르죠. 우주와 함께 인간에게 미지의 영역으로 남아 있는 곳이기도 합니다.

물이 물속에 있는 무언가를 누르는 힘을 수압이라고 합니다. 수심이 깊을수록 수압이 올라가는데, 10미터 내려갈 때마다 1기압씩 늘어납니다. 인간이 도달할 수 있는 곳은 300미터 정도가 한계인데, 현재 훈련된 스쿠버 다이버가 세운 세계 기록은 332미터입니다. 이 정도 깊이에서 인간이 느끼는 압력은 자동차 200대를 쌓은 것과 비슷하다고 합니다. 잠수함을 타면 더 깊은 곳까지 내려갈 수 있습니다. 2019년 5월 13일, 미국의 빅터 베스코보는 1만 927미터까지 내려가며 신기록을 세웠습니다.

심해는 깜깜하고, 압력도 높고, 산소도 적고, 온도도 낮습니다. 살기에 적합한 환경이 아님에도 불구하고 이곳에는 많은 생명체가 살고 있습니다. 이 생물들은 극한의 환경을 스스로 극복해야 했습니다. 보이지 않기 때문에 스스로 빛을 내야 했고, 한번 잡은 먹이를 놓치지 않기 위해 강력한 턱과 이빨을 가져야 했으며, 높은 압력을 잘 견디는 말랑말랑한 몸이 필요했습니다.

아마 세계에서 가장 못생긴 동물이라며 인터넷에 떠도는 심해어 사진을 본 적 있을 것입니다. A 물고기의 이름은 블롭피시 Blobfish로, 대표적인 심해어 중 하나입니다. '뭐 이렇게 못생긴 물고기가 다 있지?' 하고 생각했겠지만, 사실 블롭피쉬는 이렇게 생기지 않았습니다. 심해어의 특성상 생김새를 정확하게 관찰한 이는 없지만, 여러 상황을 고려했을 때 물속에서는 B와 같은 모

A. 수면 위로 올라온 블롭피시   B. 블롭피시의 원래 모습 추측

습일 것으로 추측하고 있습니다. 다른 물고기와 생김새가 크게 다르지 않죠? 블롭피시의 가까운 친척으로 알려진 방울둑중개의 모습을 보면, 블롭피시에게 가장 못생긴 동물이라는 타이틀은 어울리지 않는다는 것을 알 수 있습니다.

블롭피시는 심해에 살기 때문에 매일매일 높은 압력을 견뎌야 합니다. 그래서 이들은 뼈와 근육이 없고, 젤리처럼 말랑말랑한 몸을 가지도록 진화했습니다. 이런 몸을 가진 물고기가 육지로 올라오면 순식간에 압력이 낮아져 몸의 형태가 무너질 것입니다. 몸의 형태를 잡아줄 뼈나 근육이 없으니, 몸이 그대로 흘러내릴 수밖에요. 그래서 우리는 A와 같은 모습을 보게 되는 것입니다. 인간이 아무런 장비 없이 심해에 들어가면 지금의 모습을 유지할 수 없는 것과 같은 이유입니다.

동물의 겨울잠을 깨우면 어떻게 될까?

 잠에서 깨어나는 것은 꽤 괴로운 일입니다. 심지어 일어날 시간이 되지 않았는데 어떤 원인에 의해 깬다면 그것만큼 열받는 일도 없죠. 겨울이 되면 일부의 동물들은 겨울잠을 잡니다. 겨울에는 먹을 것이 없어서 미리 많이 먹은 뒤 겨울 동안 푹 자다가 봄이 오면 깨어납니다. 그렇다면 이렇게 겨울잠을 자는 동물을 깨우면 어떻게 될까요?

 겨울잠을 자는 동안 동물의 심박수는 급격히 떨어집니다. 다람쥐의 경우 평소 심박수가 1분에 150~200회 정도 되는데, 겨울잠을 자면 1분에 5회 정도로 떨어진다고 합니다. 심박수가 떨어지니 호흡이 줄어들고, 몸에 있는 장기들이 거의 활동하지 않아 체온도 엄청나게 떨어집니다. 이처럼 겨울잠은 에너지 소모를 최소화시키기 위해 몸을 사망 직전의 상태로 만드는 것이라고 할 수 있습니다. 일종의 절전 모드인 셈이죠. 활동하기 위해선 에너지가 필요한데 겨울잠을 자는 동안에는 에너지 소모가 거의 없으니 음식을 먹지 않아도 살아갈 수 있는 것입니다.

영하에도 살아남는 겨울잠의 과학

　스스로 체온을 조절하는 동물을 '정온동물'이라고 합니다. 사람과 함께 조류와 포유류가 여기에 해당합니다. 이들은 겨울 동안 계속 잠을 자는 것이 아니라, 중간중간 깨어나 추가로 음식을 먹거나 대소변을 보기도 하고 새끼를 돌보기도 합니다. 이처럼 정온동물은 어차피 스스로 잠에서 깨기 때문에, 진짜 열받긴 하겠지만 우리가 깨운다고 해서 큰일이 나는 것은 아닙니다.
　하지만 곰의 경우엔 다를 수 있습니다. 곰 역시 스스로 겨울잠에서 깨지만, 우리가 억지로 깨운다면 잘 자고 있는데 누군가 깨운 것에 대한 분노와 겨울이라 충분히 먹지 못해 생긴 배고픔 때문에 그 즉시 한 끼 식사가 되어버릴 수 있습니다.
　스스로 체온을 조절할 수 없는 동물을 '변온동물'이라고 합니다. 조류와 포유류를 제외한 거의 모든 동물이 여기에 해당하는데, 이들은 외부 환경에 따라 체온이 변하기 때문에 겨울에 잠을 자지 않으면 얼어 죽을 가능성이 있습니다. 그래서 먹이를 많이 구할 수 있는 동물이라고 해도 겨울잠을 자는 경우가 있습니다. 변온동물은 겨울잠을 자면 봄이 올 때까지 깨지 않기 때문에 이들을 깨우면 꽤 심각한 문제가 발생할 수 있습니다. 애초에 겨울은 변온동물이 활동할 수 있는 환경이 아닙니다. 잠에서 깨면 겨울의 추위를 버티지 못하고 그대로 죽어버릴 것입니다.

물은 0도가 되면 얼게 됩니다. 하지만 설탕물은 0도보다 더 낮은 온도에서 얼죠. 이처럼 다른 물질에 의해 어는점이 내려가는 현상을 '어는점내림'이라고 합니다. 피 역시 영하의 온도에 노출되면 업니다. 하지만 포도당이 많이 녹아 있으면 어는점내림이 발생해 영하의 온도에서도 얼지 않습니다. 겨울잠을 자는 개구리가 영하의 온도에서도 얼어 죽지 않고 버틸 수 있는 이유는 겨울

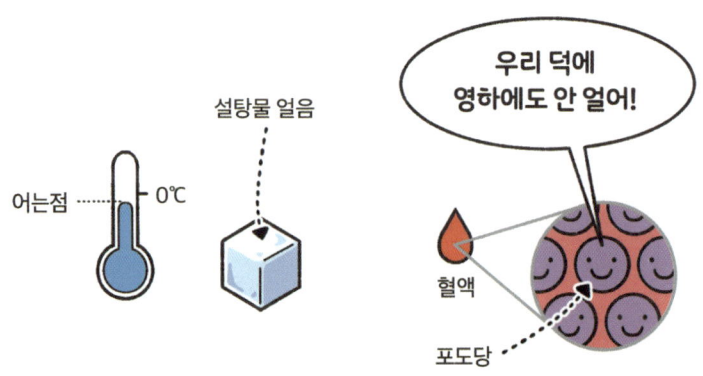

설탕물과 포도당이 녹아든 혈액의 어는점내림

잠을 자면 피에 평소보다 많은 포도당이 녹아들기 때문입니다.

박쥐는 포유류이지만 변온동물로 분류됩니다. 박쥐도 겨울잠을 자는데, 자는 동안 필요한 에너지는 갈색지방조직에 저장됩니다. 갈색지방조직은 저장된 에너지를 조금씩 소모해 약간의 열을 만들어 겨울 동안 얼지 않게 해줍니다.

겨울잠을 방해하면 생기는 일

겨울잠을 자는 동안 절전 모드에 빠져 있던 장기들은 잠에서 깨어남과 동시에 정상 모드로 돌아옵니다. 이 과정에서 굉장히 많은 포도당과 에너지가 소모되죠. 깨어난 시점이 봄이라면 음식을 먹어 에너지를 채우면 되지만, 한겨울에 우리가 겨울잠을 깨운다면 활동할 수도 없고 음식을 찾을 수도 없으니 다시 잠에 드는 수밖에 없습니다. 하지만 깨어나는 과정에서 많은 에너지를 소모해 추위를 버티지 못하고 죽어버릴 가능성이 있습니다. 가까스로 겨울을 버텼다고 해도 정상 모드로 돌아갈 에너지가 부족해서 깨어나지 못하고 죽게 될 수도 있습니다. 그래서 이들의 겨울잠은 절대로 방해해서는 안 됩니다.

변온동물의 겨울잠을 깨우면 동물이 죽을 수 있고, 정온동물의 겨울잠을 깨우면 우리가 죽을 수 있으니 모든 동물의 겨울잠은 깨우지 않는 것이 좋겠습니다.

일단 알아두면 교양 있어 보이는 과학 용어

♦ **갈색지방조직**: 겨울잠을 자는 포유류나 갓난아이의 어깨뼈에 붙어 있는 지방조직. 곰, 다람쥐, 고슴도치 등이 갖고 있는데 겨울잠에서 깰 때나 굶주렸을 때 몸에 에너지를 공급하게 한다.

날치는 왜 굳이 하늘을 나는 걸까?

　새는 하늘을 날지만, 물속에선 살 수 없습니다. 물고기는 물속에서 살 수 있지만, 하늘을 날 수 없습니다. 그런데 이 둘을 동시에 할 수 있는 물고기가 있습니다. 이 물고기를 하늘을 나는 물고기라고 해서 '날치'라고 부르죠.

　물고기는 지느러미를 가지고 있습니다. 지느러미는 물속에서 이동할 때 도움을 주는 기관으로, 균형을 잡거나 방향을 바꾸는 역할을 합니다. 날치의 지느러미는 이런 역할과 함께, 새의 날개처럼 하늘을 나는 역할도 합니다. 물론 날치는 새처럼 자유롭게 비행하는 것이 아니라 높게 뛰어오른 뒤 천천히 내려오는 활공을 하는 것이지만 말이죠.

날치가 수면 위로 뛰어오르는 모습

날치가 살고 있는 바다에는 만새기라는 물고기가 살고 있습니다. 날치의 크기는 30센티미터 정도인데, 만새기의 크기는 200센티미터나 된다고 합니다. 날치에 비해 압도적인 크기의 만새기는 날치의 천적 중 하나로, 날치가 보자마자 피해야 할 물고기입니다. 그런데 만새기의 속도는 날치보다 훨씬 빨라서, 평범하게 헤엄쳐 도망가는 것으로는 따돌릴 수 없습니다. 대부분의 물고기는 물 밖으로 나오면 살아남을 수 없지만, 날치는 살아남기 위해 획기적인 선택을 해야 했습니다. 그래서 날치는 물 밖으로 나오는 선택을 한 것입니다.

최대 45초, 날치의 비행 전략

물은 공기보다 밀도가 훨씬 큽니다. 그래서 저항도 크죠. 물속에서 앞으로 나아가는 것보다, 공기를 가르고 나아가는 것이 훨씬 더 쉽다는 말입니다. 다시 말해 날치가 물속에서 헤엄치는 것보다, 밖으로 나와 이동한다면 더 빠르게 움직여 만새기를 따돌릴 수 있다는 것이죠. 이렇게 물 밖으로 나와 이동하다 보니 날치의 지느러미는 물 밖에서 더 오래 머물 수 있는 날개처럼 바뀌게 되었고, 지금처럼 하늘을 나는 물고기로 진화한 것입니다.

날치는 물속에서는 지느러미를 접고 있다가, 물 밖으로 나와야 하는 상황이 되면 꼬리를 빠르게 움직여 물을 박차고 나와 지느러미를 쭉 펴고 활공합니다. 이때 날치는 10미터 정도 날 수 있으며, 가장 오래 난 날치의 기록은 45초라고 합니다.

그런데 정말 안타깝게도, 날치는 하늘을 나는 순간에도 모든 위험에서 벗어난 것이 아닙니다. 바다에는 군함조라는 새가 살고 있는데, 군함조는 만새기가 날치를 사냥하는 장면을 지켜보고 있다가 날치가 만새기를 피해 물 밖으로 나오는 순간 낚아채가 버립니다. 바다에 사는 새는 바닷속으로 직접 들어가 물고기를 사냥하곤 하지만, 군함조는 그런 기술이 없고 날개도 방수되지 않기 때문에 이런 방식으로 사냥하는 것입니다. 그럼에도 불구하고 날치가 하늘을 나는 것은, 물 밖으로 나오는 것이 생존 확률이 훨씬 더 높기 때문입니다.

　날치와 새는 전혀 다른 종이지만 비슷한 생김새를 하고 있습니다. 이렇듯 계통적으로 관련이 없는 둘 이상의 생물이 비슷한 환경에 적응하며 유사한 외형으로 진화하는 것을 수렴 진화라고 합니다.

> **일단 알아두면 교양 있어 보이는 과학 용어**
>
> ✦ 활공: 날개를 움직이지 않고 나는 비행 방식

판다의 눈에 얼룩이 있는 놀라운 이유는?

한때 판다 푸바오는 우리나라에서 가장 인기 있는 동물 중 하나였습니다. 푸바오는 대왕판다(자이언트판다) 중 하나로, 곰과 동물이지만 다른 곰에 비해 몸집이 작습니다. 대왕판다의 가장 큰 특징은 얼룩무늬입니다. 특히 눈 주위의 커다란 얼룩은 마치 스모키 화장을 한 것처럼 보이기도 하죠. 다른 곰과 비교했을 때 푸바오를 포함한 판다들이 더 귀여워 보이는 이유 중 하나가 바로 이 눈 주위의 얼룩 때문일 것입니다. 귀여워 보이려는 의도는 당연히 아닐 텐데, 판다의 눈에는 왜 이렇게 큰 얼룩이 있는 걸까요?

몸 얼룩과 눈 얼룩의 역할

판다는 곰과 동물이지만 초식을 하는 것으로 알려져 있습니다. 특히 대나무를 주로 먹죠. 그런데 안타깝게도 육식동물의 몸을 가지고 있어서 대나무의 영양분을 거의 흡수하지 못한다고 합니다. 그래서 하루 중 대부분을 먹는 데 사용하죠.

판다는 완전히 자란 뒤에는 천적이 거의 없어지지만, 어릴 때는 호랑이나 늑대, 수리의 표적이 되곤 합니다. 하루 종일 먹어야 하는 판다가 천적의 눈을 피해 다니려면 자신만의 무기가 필요하겠죠? 이때 까만 얼룩이 위장 효과를 준다고 합니다. 판다가 사는 숲에는 그늘이 많이 지는데, 얼룩무늬와 숲의 그늘이 합쳐지면 다른 동물이 판다를 잘 알아보지 못하게 되는 것이죠.

곰은 가을 동안 많이 먹어 지방을 쌓아둔 뒤 먹을 것이 없어지는 겨울에는 겨울잠을 잡니다. 하지만 판다는 채식을 하기 때문에 겨울에도 동면에 들지 못하고 계속 먹어야 하죠. 만약 판다가 까만 동물이었다면, 하얀 눈 위에서 눈에 띌 수밖에 없을 것입니다. 결국 쉽게 천적의 표적이 되었겠죠. 하지만 하얀 얼룩 덕분에 눈 위에서도 다른 동물이 판다를 잘 알아보지 못한다고 합니다.

그런데 눈 주위의 얼룩은 역할이 조금 다릅니다. 전문가들의 연구 결과에 따르면 눈의 얼룩은 판다들의 의사소통 수단이라고 합니다. 우리가 보기엔 비슷비슷하게 생겼지만, 사실 눈의 얼룩은 판다마다 아주 조금씩 다르게 생겼습니다. 마치 사람의 지문처럼 말이죠. 판다는 다른 판다의 눈 얼룩을 기억해두었다가 서로를 구별하고 알아본다고 합니다. 의사소통을 하거나 짝짓기 상대를 찾는 용도로도 사용하죠. 눈 얼룩이 판다에게는 일종의 신분증 역할을 하는 셈이네요.

박쥐는 똥도 거꾸로 매달려 쌀까?

 호랑이, 곰, 코끼리, 기린, 사슴, 다람쥐 같은 동물은 새끼를 낳아 젖을 먹여 키웁니다. 이런 동물을 포유류라고 하죠. 포유류는 대부분 지상에서 생활하지만, 유일하게 하늘을 나는 동물도 있습니다. 주로 어두운 곳에서 생활하며 초음파를 사용하는 박쥐가 바로 그렇습니다. 박쥐는 특이하게도 거꾸로 매달려 생활하는 것으로 잘 알려져 있죠.

 사람은 거꾸로 매달리면 머리에 피가 쏠려 어지럽거나 두통이 생기고, 시야가 흐려져서 그 자세를 오래 유지하기 어렵습니다. 그런데 박쥐는 아무렇지 않은 듯 거꾸로 매달려 생활하고, 잠을 자기도 합니다. 박쥐는 진화 과정에서 앞다리가 날개처럼 변형

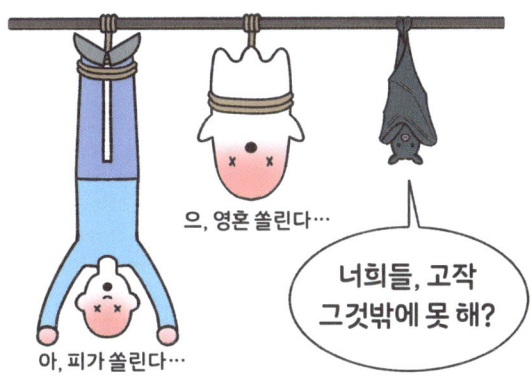

돼 비행 능력을 갖추게 되었을 것으로 추정됩니다. 박쥐의 비행 능력은 매우 뛰어난 편이지만, 날개가 얇은 막으로 이루어져 있어 깃털로 뒤덮인 새의 날개에 비해 힘이 약하다고 합니다. 그래서 박쥐는 땅에서 하늘로 날아오르기보다는, 높은 곳에서 뛰어내리며 비행을 시작합니다. 이런 이유 때문에 박쥐는 어디엔가 매달려 지내는 것을 선호하죠.

날개의 힘이 약하기 때문에 박쥐는 몸무게가 많이 나가면 하늘을 날 수 없습니다. 그래서 이들은 점점 몸이 가벼워지는 방향으로 진화해왔습니다. 박쥐 중에서 가장 작은 박쥐는 몸무게가 약 2그램밖에 되지 않고, 가장 큰 박쥐 역시 1.6킬로그램에 불과합니다. 몸무게가 줄어들면서 다리 근육도 점점 퇴화해 서 있는데 적합하지 않은 형태로 변했습니다. 이 때문에 박쥐는 똑바로 서기보다 거꾸로 매달려 지내는 것이 더 자연스러운 것입니다.

동굴 생태계의 수호자

거꾸로 매달려 있는 것이 쉽지 않은 일처럼 보이지만, 박쥐는 다리에 있는 특별한 힘줄 덕분에 큰 힘을 들이지 않고도 그렇게 지낼 수 있습니다. 이 힘줄은 다리를 갈고리 모양으로 고정시켜, 근육을 사용하지 않아도 매달릴 수 있게 해줍니다. 박쥐에게 거꾸로 매달린 상태는 오히려 가장 편안한 자세인 것입니다. 그래서 박쥐는 거꾸로 매달려 휴식을 취하거나 새끼에게 젖을 주고, 잠을 자기도 합니다.

하지만 그렇다고 해서 똥이나 오줌까지 거꾸로 싸는 것은 아닙니다. 박쥐의 항문은 꼬리 쪽에 위치해 있기 때문에, 거꾸로 매달린 채 배설하면 얼굴로 똥이나 오줌이 떨어질 수 있습니다. 그래서 배설할 때는 잠시 똑바로 매달리는 자세를 취합니다. 날개가 앞다리에서 진화한 것이기 때문에, 날개 부분에 남아 있는 갈고리 모양의 발톱을 이용해 몸을 지탱합니다. 이 자세에서 똥이나 오줌을 싸는 것이죠.

박쥐는 주로 어둠 속에서 활동합니다. 까만 몸에 무서운 얼굴을 하고 있고, 일부 종은 질병을 옮기기도 해서 부정적인 이미지를 가지고 있죠. 하지만 해충, 특히 모기를 많이 잡아먹고, 꽃가루를 옮겨 식물의 수분을 돕는 유익한 동물입니다. 또한 이들의 똥은 동굴 생태계에 아주 중요한 역할을 합니다. 햇빛이 들지 않아 식물이 자랄 수 없는 상황에서 풍부한 영양분을 가진 에너지

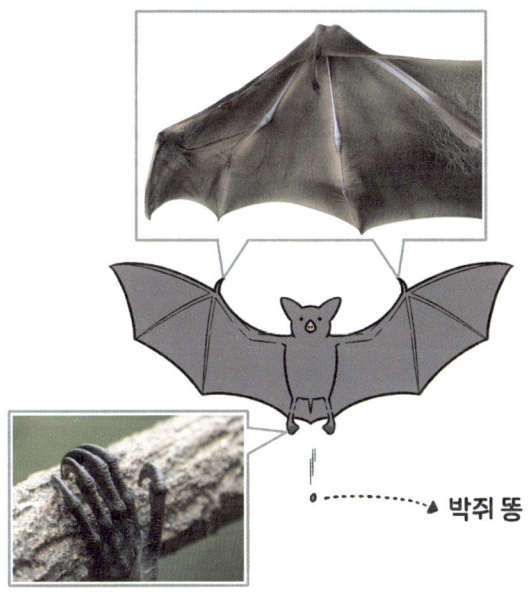

박쥐의 다리와 날개

원이 되어주기 때문이죠. 이처럼 박쥐는 여러 부정적 인식에도 불구하고, 누구도 대체할 수 없는 이로운 동물 중 하나로 평가받고 있습니다.

일단 알아두면 교양 있어 보이는 과학 용어

- **초음파**: 사람의 귀에 소리로 들리는 한계주파수 이상이어서 들을 수 없는 음파
- **힘줄**: 근육과 뼈를 이어주는 섬유조직

달고 몸에도 좋은 똥이 있다고?

 식물의 줄기는 뿌리, 잎, 꽃을 연결하며 식물을 지지하고 여러 영양분을 전달하는 역할을 합니다. 줄기에는 체관이라는 통로가 있는데, 체관의 진액을 통해 영양분이 전달됩니다. 식물이 광합성을 하면 포도당이 만들어지고, 포도당은 진액을 타고 식물 여기저기로 퍼져나갑니다. 진액은 이 당분 덕분에 단맛을 띠죠.

 진딧물은 작은 것은 1밀리미터, 커 봐야 8밀리미터밖에 안 되는 곤충입니다. 진딧물의 머리에는 대롱 형태의 입이 달렸는데, 입을 식물 줄기에 꽂아 체관을 찾은 뒤, 그 안의 진액을 빨아 먹습니다. 모기가 피부를 뚫고 혈관을 찾아 피를 빨아 먹는 것처럼 말이죠.

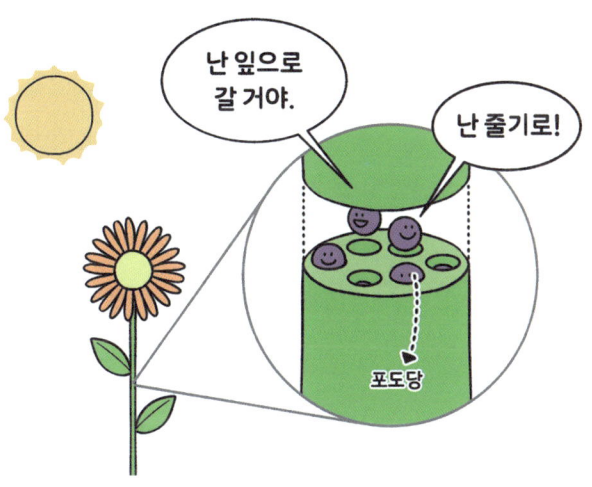

식물의 당분 전달 과정

    진딧물은 진액에서 필요한 영양분을 흡수하고 나머지는 똥으로 배출합니다. 그런데 진딧물은 소화 능력이 그리 좋은 편이 아니라서 일부 당분이 소화되지 않은 채 그대로 나오기도 합니다. 이 때문에 진딧물의 똥에는 당분이 남아 있어 단맛을 띠게 되죠.

    식물의 잎이나 줄기를 보면 물방울처럼 보이는 끈적한 액체가 묻어 있는 경우가 있습니다. 이것이 바로 진딧물이 싼 똥입니다. 진딧물의 이런 똥을 꿀 같은 이슬이라는 의미의 허니듀 Honeydew라고 하는데, 우리나라에서는 '감로'라고 부르기도 합니다.

해충인데 익충 같은 진딧물의 반전

진딧물의 번식은 굉장히 독특한 방식으로 이루어집니다. 겨울이 되면 암컷 진딧물이 수많은 알을 낳는데 이 알은 봄이 되면 깨어납니다. 부화한 진딧물은 모두 암컷으로, 깨어날 때부터 새끼를 품은 상태입니다. 그래서 수컷의 도움 없이도 쉽게 번식할 수 있죠. 덕분에 진딧물의 번식은 아주 빠르게 이루어집니다.

이처럼 많은 진딧물이 진액을 빨아 먹고 똥을 싸면 진딧물의 똥, 다시 말해 허니듀가 식물의 호흡기관인 기공을 막습니다. 그래서 식물이 잘 성장하지 못하게 되죠. 뿐만 아니라 진딧물은 각종 질병을 일으키기도 해서 해충으로 분류됩니다.

허니듀는 비록 진딧물의 똥이긴 하지만, 달콤하기 때문에 다른 곤충에게는 탐나는 음식입니다. 특히 개미가 아주 좋아하는

데, 허니듀를 얻기 위해 진딧물의 천적인 무당벌레와 싸우는 경우도 있다고 합니다.

  꿀벌 역시 허니듀를 좋아합니다. 꽃에서 꿀을 얻을 수 없을 때는 허니듀를 채취하기도 하죠. 이렇게 만들어진 꿀을 허니듀 허니, 감로 꿀이라고 부릅니다. 감로 꿀은 우리나라에는 아직 덜 알려져 있지만, 외국에서는 일반 꿀보다 몸에 좋은 성분이 많이 들어 있다고 알려져 비싸게 팔린다고 합니다.

물고기의 눈은 옆에 있는데, 어떻게 앞을 보는 걸까?

눈은 우리 몸에서 매우 중요한 감각기관입니다. 눈을 통해 현재 상황을 파악할 수 있고, 위험을 피할 수 있습니다. 사람은 정면을 향한 두 개의 눈을 가지고 있어 사물을 입체적으로 보고, 거리감도 느낄 수 있습니다. 물고기 역시 두 개의 눈을 가지고 있지만, 이들의 눈은 얼굴의 양옆에 달려 있어 서로 다른 방향을 바라보는 것처럼 보입니다. 그래서 '앞을 제대로 볼 수 없을 것 같은데?' 하는 생각이 들기도 합니다. 하지만 물고기들은 시야에 불편함이 전혀 없는 듯 물속을 자유롭게 헤엄칩니다. 이들은 어떻게 양옆에 달린 눈으로 앞을 볼 수 있는 걸까요?

자연을 모방한 기술, 어안렌즈

대부분의 물고기는 눈이 양옆에 달려 있습니다. 그래서 앞을 볼 수 없다고 생각할 수도 있지만, 이들의 눈은 약간 튀어나와 있어서 앞도 볼 수 있습니다. 심지어 사람보다 더 넓은 시야를 가지고 있죠.

사람의 눈은 정면을 향하고 있어서 옆이나 뒤를 보려면 몸을 돌려야 합니다. 반면 물고기의 눈은 기본적으로 옆에 달려 있기 때문에, 몸을 돌리지 않아도 옆을 볼 수 있습니다. 또한 눈이 튀어나와 있어 눈동자를 움직이면 앞쪽은 물론, 뒤쪽, 위쪽, 아래

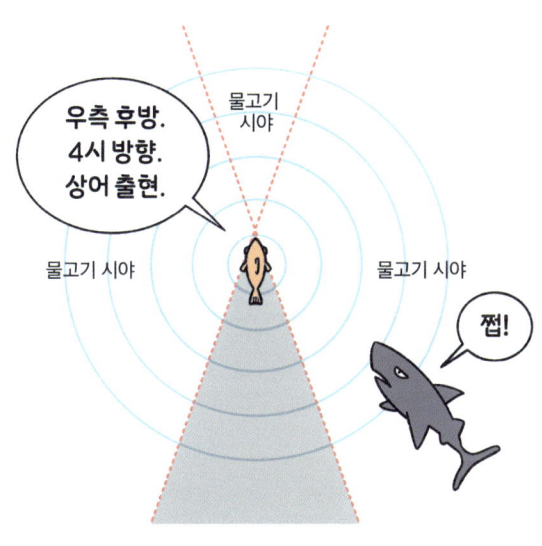

물고기의 시야 범위

153

쪽까지 볼 수 있습니다. 물고기는 바로 뒤쪽을 제외한 거의 모든 방향을 볼 수 있다고 합니다.

이들의 눈이 이렇게 발달된 것은 생존을 위해 필요했기 때문입니다. 물고기는 그다지 강한 동물이 아니기 때문에, 주변에서 자신을 노리는 천적을 빠르게 파악해야 했습니다. 물속은 물론 물 밖의 상황까지 늘 경계해야 했죠. 넓은 시야 덕분에 옆이나 뒤, 위에 있는 적의 위치를 파악할 수 있었습니다.

이것은 먹이를 찾을 때도 큰 장점이 되었죠. 사람처럼 두 눈이 정면을 바라보는 것보다 양옆에 눈이 달려 있는 것이 생존 확률을 더 높였기 때문에, 물고기의 눈은 그렇게 진화한 것입니다. 그리고 물고기는 시력이 좋은 편은 아니지만 동체 시력이 좋아서 눈앞에서 빠르게 움직이는 먹이를 끝까지 쫓아갈 수 있습니다.

어안렌즈로 본 수면 위

물고기의 시야는 사람 입장에서 보면 매우 독특해서 이것을 참고해 어안렌즈를 만들어내기도 했습니다. 우리는 물고기가 될 수 없기 때문에, 실제로 물고기 눈에 세상이 어떻게 보이는지 알 수 없습니다. 하지만 그들의 눈이 생존에 유리한 방향으로 진화했다는 것은 알아낼 수 있었습니다.

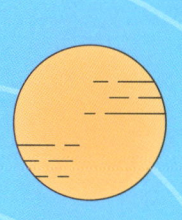

PART 04

생태계가 만들어낸 믿을 수 없는 환경 이야기

고래가 바다 전체를 먹여 살린다고?

호랑이는 죽어서 가죽을 남기고 사람은 죽어서 이름을 남긴 다는 말이 있습니다. 죽는다는 것은 우리의 인생이 끝난다는 것을 의미하지만 죽어야만 비로소 시작되는 것들도 있죠. 바닷속에 살고 있는 고래는 지구 역사상 가장 거대한 동물입니다. 그리고 고래의 평균 수명은 80~90년 정도로 바다 생물 중에서 긴 편에 속합니다. 이런 고래가 죽는 순간, 바닷속에선 우리가 감히 상상할 수 없을 정도로 놀라운 일이 펼쳐진다고 합니다.

고래가 자기 몸을 내어주는 과정

고래 중에서 가장 큰 대왕고래는 몸길이만 20미터가 넘고 몸무게는 190톤까지 나간다고 합니다. 그런 만큼 힘도 아주 세고 피부도 두꺼워 인간과 범고래를 제외하면 천적이 없다고 말해도 과언이 아니죠. 그래서 고래가 살아 있는 동안에는 아무도 다가오지 못하지만, 죽으면 바닷속 모든 생물이 달라붙습니다. 고래가 죽으면 사체는 바닷속 깊은 곳으로 떨어집니다. 수백 미터, 수천 미터 이상 내려가는데, 이 과정에서 각종 물고기와 상어, 먹장어가 달려들어 고래의 살점을 뜯어 먹습니다.

해양학자인 크레이그 스미스의 연구에 따르면 이들이 먹는 고래 고기의 양은 하루에 60킬로그램 정도 되는데, 고래 크기에 따라 다르지만 다른 생물이 고래의 사체를 뜯어 먹는 과정은 최대 2년까지 나타난다고 합니다. 고래가 죽은 뒤 처음 살점을 뜯기는 이 과정을 '청소부 단계'라고 부릅니다. 청소부 단계에서 고래는 90퍼센트의 살점을 잃게 됩니다.

그럼에도 여전히 고래 고기가 많이 남아 있습니다. 가라앉은 고래 사체 주위로 작은 물고기와 바닷가재, 새우, 문어 같은 녀석들이 달라붙어 남은 살점을 뜯어 먹습니다. 이런 과정은 수개월에서 4년 넘게 나타나기도 하는데, 이것을 '기회주의 단계'라고 부릅니다.

이 단계가 끝나면 고래는 뼈밖에 안 남게 되지만, 고래의 뼈

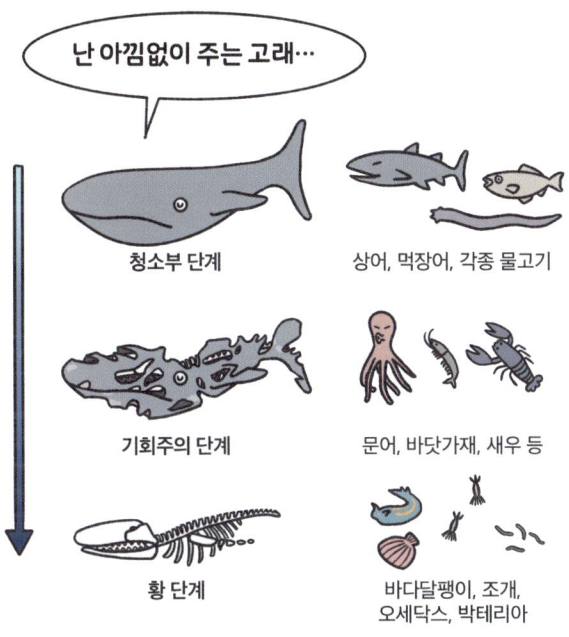

고래 낙하의 3단계

역시 일부의 바다 생물에게는 좋은 먹이가 됩니다. 바다달팽이나 조개가 남은 찌꺼기를 발라 먹고, 고래나 바다코끼리 등 해양 척추동물의 뼈를 먹으며 사는 좀비 벌레 오세닥스가 고래의 뼈에 구멍을 내 뼈 안에 있는 영양분을 빨아 먹습니다. 오세닥스는 2002년에 처음 발견되었는데 발견된 곳이 바로 고래의 뼈입니다. 그리고 황화수소를 만들어내는 박테리아가 고래의 뼈를 분해하게 되죠. 이 과정을 '황 단계'라고 부르는데, 황 단계는 100년 동안 지속되는 경우도 있습니다.

고래 사냥으로 파괴되는 생태계

이처럼 고래가 죽으면 많은 종류의 바다 생물이 달라붙어 고래를 먹으며 생활합니다. 한 마리의 고래에 수만 마리의 바다 생물이 달라붙는다고 합니다. 이렇게 고래가 죽고 난 뒤 바다에 묻히기까지의 과정을 '고래 낙하'라고 합니다. 고래 낙하가 바다 생태계를 책임진다고 말해도 과언이 아니죠.

고래 낙하에 대한 연구가 이루어지지 않았던 과거에는 인간이 기름과 고기를 얻을 목적으로 고래를 사냥했습니다. 그 결과 고래의 개체 수가 많이 줄어들어, 지금은 보호해야 할 멸종 위기 동물이 되었죠. 고래의 개체 수가 줄면 고래 생태계뿐만 아니라 바다 생태계 전체에도 큰 영향을 줄 수 있습니다.

이런 이유로 미국은 1972년 고래의 개체 수가 줄어드는 것을 막기 위해 고래 사냥과 사살, 판매를 금지하는 해양포유류보호법을 만들었습니다. 이 법으로 미국은 고래뿐만 아니라 물개나 바다코끼리, 북극곰 같은 포유류도 함께 보호합니다.

우리나라 역시 1986년부터 상업적인 목적의 고래 사냥을 금지했으며, 해양수산부는 고래를 포함한 해양포유류를 보호하기 위해 '해양생태계 보전 및 관리에 관한 법률'과 '고래자원의 보존과 관리에 관한 고시'를 마련했습니다. 바다에 나가 조업하는 사람들을 위해 해양포유류 안전 방류 지침도 만들고, 고래가 함께 잡혔을 때 방류하는 방법도 알려주고 있습니다. 또한 해양생물

의 다양성을 보전하기 위해 생존을 위협받거나 보호해야 할 가치가 높은 해양생물 91종을 해양보호생물로 지정해(2025년 기준) 관리하고 있습니다.

아주 가끔 고래 사체가 해안가 근처에서 발견되는 경우가 있습니다. 고래가 죽은 뒤 사체가 부패하는 과정에서 가스가 만들어지는데, 사체에 가스가 가득 차면 폭발할 위험이 있으니 절대 가까이 다가가지 말고 해양경찰이나 119에 신고해야 합니다.

일단 알아두면 교양 있어 보이는 과학 용어

- **황화수소**: 황화철과 산을 작용해 얻는 가연성의 독한 기체로 천연으로는 화산가스나 광천에 들어 있다.

동물들이 싼 똥은 어떻게 처리될까?

화장실 변기에 똥을 싸면 오수관을 거쳐 하수처리장으로 갑니다. 그리고 몇 번의 정화 작업을 거친 뒤 걸러진 물은 하천으로 보내지고 이물질은 다른 에너지 자원으로 재활용됩니다. 그 덕분에 우리가 사는 곳은 똥으로 뒤덮이지 않습니다. 그런데 우리가 매일 먹고 싸는 것처럼, 동물들도 무언가를 먹고 쌉니다. 이들이 싼 똥은 도대체 어떻게 처리되는 것일까요?

동물들은 우리 생각보다 훨씬 더 많이 먹고, 그만큼 싸는 양도 어마어마합니다. 코끼리는 하루에 250킬로그램의 풀을 먹고 50킬로그램의 똥을 싼다고 합니다. 코끼리 중 가장 큰 코끼리로 알려진 아프리카코끼리는 현재 개체 수가 약 40만 마리 정도로 알려져 있습니다. 이들이 하루에 싸는 똥만 2만 톤 정도 되는 것이죠. 역시 대식가로 알려진 하마는 똥을 쌀 때 꼬리를 흔들어 똥을 여기저기 흩뿌려놓습니다. 그래서 누군가 그 똥을 치우지 않는다면 아프리카 대륙은 물론 지구 전체가 동물의 배설물로 뒤덮일 것입니다.

동물 똥 처리반, 소똥구리

지구에는 다행히도 이들이 싼 똥을 치워주는 자연의 청소부가 있습니다. 바로 소똥구리이죠. 소똥구리는 풍뎅잇과에 속하는 곤충으로, 동물의 똥을 동그랗게 만든 뒤 적당한 곳으로 옮겨 이를 먹으며 생활하고 똥 속에 알을 낳습니다. 이들은 극도로 추운 곳이 아니면 어디에서든 살아남을 수 있기 때문에 남극을 제외한 전 세계 모든 대륙에서 발견됩니다.

소똥구리는 후각이 발달되어 동물이 똥을 싸면 냄새를 맡고 날아옵니다. 일부 종은 동물의 항문 쪽에 살면서 똥을 싸기만을 기다리기도 합니다. 보통의 소똥구리는 자기 몸무게의 10배 정도까지 들 수 있지만, 일부 종은 1,000배가 넘는 것도 이동시킬 수 있다고 합니다.

소똥구리는 똥을 처리하는 방식에 따라 세 종류로 나뉩니다. 동물이 싸놓은 똥에 그대로 알을 낳는 종, 똥 아래에 땅을 파 똥

동물의 똥을 옮기는 소똥구리

을 떨어트린 뒤 그 안에 알을 낳는 종, 똥을 동그랗게 만들어 멀리 이동한 뒤 땅을 파고 들어가 그 안에 알을 낳는 종입니다. 똥 속에서 태어난 소똥구리의 애벌레 역시 똥을 먹고 자라며 이와 같은 행위를 반복합니다.

 동물이 싼 똥은 식물이 자라는 데 좋은 거름이 되어줍니다. 그래서 그대로 둬도 괜찮을 것 같지만, 그 양이 어마어마해서 누군가 치우지 않는다면 오히려 햇빛을 받지 못해 식물이 자라지 못하게 됩니다. 실제로 호주에서 소를 들여와 키우기 시작했을 때, 소똥구리가 없어서 초원이 사막화된 일도 있었습니다. 게다가 햇볕에 말라 가루가 된 똥이 바람에 날려 집 앞에 쌓이기도 했고, 비가 오면 빗물과 함께 똥물이 흐르기도 했습니다. 다행히 소똥구리를 들여온 이후 이 문제는 해결되었다고 합니다.

소똥구리는 왜 멸종 위기에 처했나

소똥구리는 동물의 똥을 먹어치우는 것 외에도 생태계에 아주 중요한 역할을 합니다. 이들이 땅속으로 옮긴 동물의 똥은 식물에게 좋은 거름이 되며, 똥에 과일의 씨앗이 섞여 있는 경우 땅속에서 발아되기도 하죠. 이렇게 식물이 자라나면 동물은 식물을 먹고 또다시 똥을 싸고, 소똥구리는 똥을 땅에 묻어 다시 식물이 자라나게 만듭니다.

또한 동물을 위협하는 흡혈파리 같은 해충의 번식을 막아주는 역할도 합니다. 흡혈파리는 동물의 똥에 알을 낳고, 그 안에서 유충이 부화해 자라나는데, 소똥구리가 똥을 땅속에 파묻으면 파리 유충이 자라기 어렵기 때문입니다.

소똥구리는 공룡이 살던 시대에도 존재했으며, 당시에는 공룡의 똥을 굴리며 공룡의 똥을 먹고 살았을 것으로 추측합니다. 고대이집트에서는 소똥구리가 똥을 굴리는 모습이 태양을 움직이는 것 같다고 해서 소똥구리를 숭배하기도 했습니다.

하지만 이런 소똥구리의 개체 수가 특히 우리나라에서 많이 감소하고 있다고 합니다. 자연이 파괴되면서 야생동물의 수가 줄어들고, 그로 인해 소똥구리의 수도 자연스럽게 줄어들게 된

것이죠. 또 가축화된 동물이 사료를 먹고 싼 똥은 소똥구리가 소화시킬 수 없는 데다, 화학 비료와 농약 사용이 늘고 있어 점점 소똥구리가 생존하기 어려워지고 있습니다.

현재 소똥구리는 멸종 위기에 처해 있습니다. 그래서 외국에서 소똥구리를 들여와 다시 번식시키려고 노력하고 있지만, 우리나라에는 야생동물이 많이 살고 있지 않아서 이것이 쉽지 않은 상황이라고 합니다.

산 중턱의 연못에는 어떻게 물고기가 있을까?

산을 올라가다 보면 중턱에 작은 연못이나 호수가 있습니다. 그리고 이곳에 물고기들이 살고 있죠. '산에도 물고기가 사는구나' 하고 지나칠 수도 있지만, 가만히 생각해보면 어딘가 이상합니다. 바다나 강과 연결되어 있지도 않은데 물고기가 살고 있으니까요. 물고기가 뚜벅뚜벅 걸어 등산을 해서 공기 좋고 물 맑은 이곳까지 온 것은 아닐 텐데, 도대체 어떻게 여기에 물고기가 살고 있는 것일까요?

산 중턱의 연못에 물고기가 살고 있는 이유에 대해선 아직 정확히 알려지지 않았고, 몇 가지 가설만 존재할 뿐입니다.

토네이도 가설

천둥 번개와 함께 강한 비바람을 동반하는 토네이도는 우리나라에서 '용오름'이라고 불리기도 합니다. 물 위에서 토네이도가 만들어지는 경우 그곳에 살고 있는 물고기가 휩쓸려 전혀 다른 곳으로 이동하는 일이 발생하기도 합니다. 실제로 2021년 텍사스에서 토네이도에 휩쓸린 물고기가 마을에 떨어지는 일이 있었습니다.

일부 전문가들은 산 중턱 연못에 물고기가 있는 이유가 바로 이 토네이도 때문이라고 말합니다. 토네이도가 만들어질 때 물고기가 물 밖으로 나와 아주 우연히 연못에 떨어지게 되었다는 것이죠. 물론 이것에 대한 근거는 아직 없습니다.

물길 연결 가설

비가 많이 내려 물이 넘치면 산 중턱에 있는 연못과 아래에 있는 연못이 연결되기도 합니다. 일부 전문가들은 바로 이때 아래쪽 연못에 살고 있던 물고기가 물을 거슬러 올라간 것이라고 말합니다. 그런데 아무리 생각해도 그 힘든 길을 거슬러 올라가는 것이 가능할지 의문이 듭니다.

새 운반 가설

일부의 전문가들은 산 중턱의 연못에 물고기가 사는 이유가 새가 옮겼기 때문이라고 말합니다. 새가 다른 연못이나 호수에서 물고기를 잡아먹을 때 물고기의 알을 함께 먹기도 합니다. 이후 사냥을 끝낸 새가 이동하다가 똥을 쌌는데 그 똥에 알이 섞여 있었고, 그 알이 마침 산 중턱의 연못에 떨어져 그곳에서 물고기가 부화하게 되었다는 것이죠.

헝가리의 생태학 전문가 아담 로바스 키스는 새가 물고기 알을 먹은 뒤 부화시킬 수 있을지에 대한 실험을 진행했습니다. 그

산 중턱 연못에 물고기가 있는 이유

는 청둥오리에게 잉어와 붕어의 알 각각 500개씩을 먹였고, 이후 청둥오리의 똥에서 소화되지 않은 잉어의 알 8개, 붕어의 알 10개를 발견했습니다. 이 알을 수족관에 넣어 부화시킨 결과, 18개의 알 중에서 잉어 한 마리와 붕어 두 마리가 부화했습니다.

즉, 실제로 새가 물고기의 알을 먹고 산 중턱의 연못에 배설한다면, 이후 그곳에서 물고기가 부화하는 것이 가능합니다. 1,000개의 알에서 세 마리가 부화한 것이니 확률이 너무 낮다고 생각할 수 있지만, 물고기는 한 번에 수만 개에서 수십만 개의 알을 낳고, 청둥오리 외에 다른 새들도 알을 먹기 때문에 생각보다 가능성이 꽤 높은 것이죠.

조금 이상하게 들릴 수 있지만, 정리하자면 산 중턱 연못에 물고기가 있는 이유는 새가 물고기를 '낳았기' 때문이라고 할 수 있겠네요.

호주는 왜 토끼와 전쟁을 벌였을까?

　토끼는 귀여운 이미지 덕분에 동화에도 자주 등장하지만 호주 사람들에게는 악마 같은 존재로 여겨집니다. 원래 호주에는 토끼가 없었습니다. 그런데 1859년 영국 출신의 토마스 오스틴이라는 사람이 사냥 목적으로 야생 토끼 24마리를 들여왔고, 이 중 몇 마리가 야생으로 도망치면서부터 문제가 시작되었습니다.

　암컷 토끼는 자궁이 두 개여서 임신 중에도 임신할 수 있고, 한 번에 여러 마리의 새끼를 낳습니다. 강력한 번식력 덕분에 야생으로 도망친 토끼의 개체 수는 폭발적으로 늘어났죠. 토끼의 천적인 여우, 늑대, 수리 같은 동물들은 호주에 거의 없었고, 호주는 겨울이 비교적 따뜻해 1년 내내 번식할 수 있었습니다.

호주 침입종인 굴토끼

　이렇게 늘어난 토끼들은 호주 전역의 풀을 마구 뜯어 먹고, 땅을 파 나무뿌리까지 갉아 먹었습니다. 그 결과 다른 동물들이 먹을 식량이 부족해져 일부 동물은 굶어 죽기도 했죠. 토끼들은 여기에서 멈추지 않고 가축의 식량까지 모조리 먹어치웠어요. 야생으로 도망친 토끼의 후손이 불과 10년 만에 수천 마리로 늘어나며 호주의 생태계를 위협하게 된 것입니다.

　1901년부터 호주는 세 차례에 걸쳐 3,000킬로미터가 넘는 '토끼 방지 울타리'를 설치했습니다. 그러나 시간이 지나 울타리는 낡았고, 토끼들의 번식 속도는 더욱 빨라졌습니다. 결국 1920년, 울타리가 뚫렸고 호주는 다시 토끼 공포에 휩싸이게 됩니다.

여우 특공대와 새로운 재앙

정부는 토끼의 개체 수를 줄이기 위해 포상금을 걸거나 군대를 동원하기도 했습니다. 일부러 전염병을 퍼트려 토끼를 멸종시키려고도 해봤지만, 이것 역시 큰 효과를 거두지 못했습니다.

대공황과 제2차 세계대전 시기에는 넘쳐나는 토끼가 오히려 귀중한 식량원 역할을 하기도 했습니다. 하지만 그런 시절은 그리 오래가지 않았습니다. 대공황과 전쟁이 끝난 뒤에도 토끼 개체 수는 줄지 않았고, 호주는 다시 토끼와의 전쟁에 나서야 했습니다. 울타리도, 사냥도, 전염병도 더 이상 효과가 없었고, 토끼를 제어할 새로운 방법이 절실해졌습니다.

결국 호주 정부는 토끼의 천적인 여우를 들여오기로 결정합니다. 그렇게 '여우 특공대'는 호주 땅에 발을 디뎠고, 처음에는 이들 덕분에 토끼 수가 줄어드는 듯 보였습니다. 하지만 그것도 잠시, 이번에는 여우가 새로운 문제로 떠올랐습니다.

토끼가 넘쳐나는 호주는 여우에게 그야말로 천국이었습니다. 풍족한 먹이를 바탕으로 여우는 빠르게 번식했고 개체 수가 급격히 증가했죠. 호주에 살던 다른 동물들은 여우를 피하는 법을 전혀 몰랐기 때문에 쉬운 사냥감이 되었습니다. 여우들은 도망다니는 토끼보다, 웜뱃과 같이 움직임이 둔한 토종 동물이나 가축을 더 많이 사냥하기 시작했습니다. 토끼를 잡기 위해 들여온 여우가 또 다른 재앙의 주인공이 되어버린 셈입니다.

외래종이 낳은 나비효과

　토끼 문제가 여전히 해결되지 않자, 1950년 호주는 점액종 바이러스를 퍼트리기로 합니다. 이 바이러스는 토끼에게 특히 치명적인 것으로, 매우 높은 살상력을 보였습니다. 당시 호주 전역에는 약 6억 마리의 토끼가 있었는데, 점액종 바이러스가 퍼진 이후 약 1억 마리까지 급감했다고 합니다.

　하지만 이 방법도 완벽한 해결책은 되지 못했습니다. 일부 토끼가 점액종 바이러스에 내성을 갖게 되면서, 이를 유전적으로 물려받은 '돌연변이 토끼'가 등장했고, 1991년경 개체 수는 다시 2~3억 마리까지 불어났습니다.

　1995년 호주 정부는 또 다른 바이러스인 토끼 출혈병을 도입해 개체 수를 줄이려고 했습니다. 다행히 토끼 출혈병은 어느 정도 효과를 보였습니다. 하지만 시간이 지나면서 점액종 바이러스와 마찬가지로 토끼 출혈병에 내성을 가진 토끼들이 태어났고, 여전히 문제는 해결되지 않았습니다.

최근에는 유전자 조작을 통해 토끼가 임신하지 못하게 만드는 방법을 연구하고 있습니다. 호주는 아직도 토끼와 계속 전쟁하고 있으며, 이것을 '회색 토끼 전쟁' 혹은 '토끼 역병'이라고 부릅니다.

토끼만이 문제가 아니었습니다. 호주 고유의 동식물들이 외래종으로 인해 많이 멸종되었다고 합니다. 사냥용 토끼를 비롯해 토끼 제어용 여우, 운반용 낙타, 해충 퇴치용 수수두꺼비 등 인간의 편의를 위해 들여온 동물들이 모두 생태계 파괴의 주범이 되

호주 생태계를 위협한 외래종들

었죠. 호주는 이런 외래종들 때문에 100년 넘게 고통받고 있으며, 이는 자연의 균형을 인위적으로 깨뜨린 결과입니다.

회색 토끼 전쟁은 한번 무너진 생태계를 원래대로 되돌리는 것이 얼마나 어려운 일인지 보여주는 대표적인 사례입니다.

일단 알아두면 교양 있어 보이는 과학 용어

◆ **돌연변이:** 생물체에서 어버이의 계통에 없던 새로운 형질이 나타나 유전하는 현상. 유전자나 염색체의 구조에 변화가 생겨 일어난다.

5cm 노란전갈이
아마존 독사보다 무서운 이유는?

　다른 나라들처럼 브라질도 발전을 위해 숲을 밀어내고 있습니다. 하지만 아직 인간의 손이 닿지 않은 넓은 아마존에는 거대한 아나콘다부터 화려한 왕부리새까지 다양한 생물이 살아가고 있습니다. 상파울루 아래쪽에는 '케이마다 그란데'라는 섬이 있는데, 이곳에는 '골든 랜스헤드'라는 맹독성 뱀이 무섭도록 많아, 사람의 출입이 금지돼 있습니다. 만약 사람이 그 섬에 발을 디딘다면, 곧장 물려 죽을 수도 있는 공포의 섬이죠.

　그런데 이 모든 것보다 브라질 사람들을 더 위협하는 동물이 있습니다. 다 자라도 5센티미터밖에 되지 않고 친숙한 노란색을 지녔지만, 이 작은 생명체는 사람을 죽일 수도 있는 강한 독을 품고 있습니다. 이 동물의 이름은 바로 노란전갈Tityus serrulatus입니다. 현재 브라질에서 심각한 사회 문제를 일으키고 있는 주범이죠.

도시화가 불러온 노란전갈의 전성시대

노란전갈의 독은 치사율이 1퍼센트 정도이고, 성인에게는 크게 위험하지 않지만 어린아이와 노인에게는 꽤 위험합니다. 현재 남미에서 가장 위험한 전갈로 알려져 있으며, 해마다 노란전갈에 쏘여 피해를 입는 사람의 숫자가 늘어나고 있습니다.

과거에는 노란전갈이 브라질 사람들에게 크게 위협이 되지 않았습니다. 하지만 무분별한 개발로 숲이 파괴되고 서식지가 사라지자, 전갈들이 살기 위해 도시로 건너오면서 문제가 시작되었습니다.

노란전갈은 원래 어둡고 습한 곳에 서식하며, 도시에서는 하수도에 살며 바퀴벌레를 잡아먹고 살아갑니다. 서식지가 사라지면서 개체 수가 감소할 것으로 예상했지만, 도시에 잘 적응해 살아남았죠.

노란전갈은 대사율이 낮아 먹이를 먹지 않아도 수개월간 살아남을 수 있습니다. 또한 암컷은 1년에 두 번, 한 번에 최대 30마리까지 새끼를 낳을 수 있으며 수컷 없이도 임신이 가능합니다.

이 때문에 번식 속도가 빠르고 생존력이 매우 강합니다. 천적인 새나 두꺼비도 환경 파괴로 사라져 전갈에게는 오히려 더 좋은 환경이 마련된 셈이죠.

특히 전갈의 천적인 노란두꺼비Rhinella icterica는 더럽고 못생겼다는 이유로 인간에게 무차별 살상을 당해 개체 수가 급감했습니다. 게다가 노란전갈은 몸집이 작아 건물 틈새 같은 좁은 공간에서도 살아갈 수 있어 이제는 도시에서 위협적인 동물로 자리 잡았습니다.

브라질 통계에 따르면, 2000년 노란전갈에 쏘인 사람은 약 1만 2,000명이었지만, 2018년에는 15만 명으로 급증했습니다. 치사율 1퍼센트를 적용하면 잠재적 사망자가 연간 약 1,500명에 달하는 셈입니다. 그리고 피해자 수는 해마다 늘고 있습니다.

쫓아낸 두꺼비를 다시 불러들이다

　브라질 정부는 커져가는 피해를 막기 위해 대대적인 전갈 소탕 작전을 벌였습니다. 처음에는 살충제를 뿌려 전갈을 잡으려고 했지만, 전갈의 강한 생존력과 빠른 번식력을 따라잡을 수 없었죠. 이후 인력을 동원해 전갈을 잡으려고 했지만, 너무 작아서 틈 사이로 숨어버리면 잡기가 어려웠습니다.

　브라질 정부는 전갈 퇴치가 인간의 힘만으로는 불가능하다고 판단했습니다. 그래서 동물의 힘을 빌리기로 했죠. 바로 과거에 자신들이 내쫓았던 노란두꺼비를 이용하기로 한 것입니다. 노란두꺼비는 노란전갈과 비슷한 환경에서 서식하며, 노란전갈의 독에도 강한 내성을 가졌습니다. 전갈을 주요 먹이로 삼기 때문에 자연스럽게 전갈의 개체 수를 조절하는 역할을 해왔죠.

　실제로 진행된 실험에서도 두꺼비는 전갈에 쏘였을 때 아무런 이상 반응을 보이지 않았습니다. 심지어 전갈 10마리에서 추출한 독을 직접 주입했을 때조차도 말이죠. 게다가 두꺼비는 전갈처럼 야행성이고, 여름에 특히 활발히 움직입니다. 서식지, 활동 시간, 먹이 습성까지 모두 전갈과 비슷한 덕분에 전갈을 억제하는 데 매우 효과적인 천적이었죠.

　그럼에도 불구하고 노란전갈 문제는 여전히 해결되지 않은 상태입니다. 전갈 퇴치를 위해 투입된 노란두꺼비가 한때 효과적인 해법으로 떠올랐지만, 과연 그것만으로 전갈을 몰아낼 수 있을지, 만약 몰아낸다면 이후 두꺼비들은 어떻게 처리할 것인지, 두꺼비 때문에 또 다른 생태적 피해가 발생하지는 않을지 알 길이 없습니다. 결국 환경 파괴가 낳은 문제는, 이제 브라질 사람들이 해결해야 할 커다란 숙제로 남았습니다.

순록의 떼죽음이
경이로운 결과를 불러왔다고?

툰드라는 1년 중 가장 더운 달의 평균기온이 10도 이하인 곳으로 '나무가 없는 언덕'이라는 의미를 가지고 있습니다. 독특한 기후 때문에 사람이 생활하기엔 적합하지 않지만, 추운 기후를 견딜 수 있는 순록이 살아가기에는 가장 적합한 지역입니다. 크리스마스에 산타클로스의 썰매를 끄는 '루돌프'가 사슴이라고 널리 알려져 있지만, 실제로 루돌프의 모티브가 된 동물이 바로 순록입니다.

노르웨이에 있는 하르당에르비다 국립공원은 날씨가 추워 나무가 잘 자라지 않는 툰드라 지역입니다. 이곳은 북유럽 최대 규모의 고원이며, 유럽 최대의 야생 순록 서식지이기도 합니다.

노르웨이의 하르당에르비다 국립공원

그런데 2016년 8월 말, 이곳에 서식하던 야생 순록 323마리가 일순간 떼죽음 당하는 일이 발생했습니다. 순록은 무리 생활을 하기 때문에 평소에도 함께 모여 다니지만, 그날은 비가 많이 오고 번개가 쳐서 무서움을 달래기 위해 평소보다 더 가까이 모여 있었습니다. 그때 갑자기 순록이 있는 언덕에 벼락이 떨어졌고, 벼락은 젖은 땅을 타고 흘러 언덕의 순록들에게 치명적인 영향을 끼쳤습니다. 벼락으로 순록 323마리가 그대로 즉사한 것입니다. 그날의 현장은 토르(천둥의 신)의 실수라고 표현해도 과언이 아닐 정도였습니다.

사체를 치울 것인가, 말 것인가

국립공원 측에는 순록 323마리의 사체를 치워야 하는 커다란 과제가 주어졌습니다. 순록은 몸길이가 2미터 정도이고, 뿔을 제외한 높이가 1.5미터 정도, 몸무게는 300킬로그램까지 나가는 거대한 동물입니다. 물론 더 작은 순록도 있지만, 이 정도 크기의 동물 300여 마리를 옮기는 것은 아무리 도구를 사용하는 인간이라고 해도 꽤 어려운 작업이었을 것입니다. 그래서 국립공원 관계자는 순록의 사체 치우기를 깔끔하게 포기했죠.

그러자 국립공원 근처에 사는 사람들이 크게 반발했습니다. 그들은 사체를 그대로 두면 썩을 것이고, 사체가 썩으면 냄새가 날 뿐만 아니라 사체 주변에 벌레나 쥐 같은 동물이 들끓어 생태계가 파괴되고 국립공원의 경관을 해쳐 관광객이 더 이상 찾지 않을 것이라고 말했습니다. 하지만 국립공원 관계자는 벼락이 떨어진 것은 자연 현상이고, 벼락에 의해 순록이 죽은 것 역시 자연 현상이니 인간이 개입해서는 안 된다고 주장했습니다. 결국 죽은 순록 323마리는 그대로 방치됐죠.

순록 사체가 썩으면서 주민들의 우려가 현실이 되었습니다. 구더기를 포함한 여러 벌레가 생겨났고, 곧이어 쥐를 포함한 여러 설치류가 등장했습니다. 이것으로 국립공원의 환경과 생태계가 완전히 무너질 것으로 생각했지만, 자연은 인간의 예상을 뛰어넘었습니다. 벌레가 많으니 벌레를 주식으로 하는 작은 새들이 나타났습니다. 벌레와 사체를 먹기 위해 까마귀도 하르당에르비다를 들렀고, 쥐가 많으니 쥐를 잡아먹는 여우도 이 공원에 등장했습니다. 여우가 많아지자 이들을 사냥하는 검수리까지 공원에 나타났죠.

남동노르웨이대학교의 자연과학 전문가인 섀인 프랭크 교수는 방치된 순록 사체의 주변 환경을 연구했습니다. 그 결과 2017년부터 조류나 육식동물의 수가 증가했고, 그로 인해 설치류의 수가 줄어들었다고 합니다. 우리나라에서 '검은시로미'라고 부르는 식물은 하르당에르비다 생태계에 아주 중요한 역할을 하는데, 순록 사체 근처에서 발견된 까마귀나 여우의 똥에 검은시로미의 씨앗이 있었다고 합니다. 똥에 있는 풍부한 영양분 덕분에 검은시로미가 자라 벌레나 초식동물의 먹이가 되었죠.

순록 사체를 방치한 이 판단 덕분에 자연은 그야말로 자연스럽게 생태계를 더 활발하게 만들었습니다. 이렇게 되기까지 고작 4년밖에 걸리지 않았습니다. 우리는 무언가 문제가 생기면 그 문제를 해결하기 위한 방법을 찾습니다. 하지만 그 방법이 언제나 좋은 결과를 낳는 것은 아니죠. 어쩌면 자연의 문제 앞에서는 인간이 아무것도 하지 않는 편이 가장 좋은 해결책이 될 수도 있을 것 같습니다.

인간을 믿었다가 멸종해버린 새가 있다고?

아프리카 남동부에 위치한 모리셔스 섬에는 오랫동안 인간의 발길이 닿지 않았고, 다른 포유류도 살지 않는 땅이었습니다. 오직 새들만이 둥지를 틀고 살아가는 섬이었죠. 그곳에 살던 많은 새들 중 '도도'라는 이름의 새는 하늘을 날지 못한 것으로 알려져 있는데, 이는 모리셔스 섬에 도도새를 위협할 천적이 없었기 때문입니다. 천적이 없으니 하늘을 날 필요가 없었고, 하늘을 날지 않다 보니 날개도 점점 퇴화하게 된 것이죠.

모리셔스 섬은 1500년대 초반 포르투갈에 의해 처음 발견되었습니다. 그리고 1598년 네덜란드가 섬을 점령하면서 본격적인 오염이 시작되었죠.

천적 없는 섬의 새, 도도

도도새는 1미터 정도의 키에, 몸무게가 10~20킬로미터 정도 되었을 것으로 추정됩니다. 검은 부리에 회색 깃털을 가지고 있는 것이 특징이죠. 보통의 야생동물은 인간을 마주치면 도망가거나 인간을 공격합니다. 하지만 도도새는 천적을 마주한 적이 없었기 때문에 인간을 그저 호기심의 대상으로만 인식했습니다. 그래서 이들은 인간을 피하지 않고 뒤를 졸졸 따라다녔다고 합니다. 인간이 자신들을 해치지 않을 것이라고 믿었던 것이죠.

처음 모리셔스 섬에 도착한 선원들은 먹을 것이 필요했을 것입니다. 그때 마침 인간을 무서워하지 않고 오히려 다가오는, 크기도 제법 커 풍부한 고기를 제공해줄 수 있는 새가 보였습니다. 선원들은 이 새를 사냥하지 않을 이유가 없었죠.

하지만 도도새는 그렇게 맛있는 음식이 아니었던 모양입니다. 네덜란드 선원들은 도도새를 발흐폴Walghvoghel이라고 불렀는데, 여기서 폴voghel은 새를 뜻하고 발흐Walghe는 '맛없다', '역겹다'로 해석됩니다. 도도새는 인간을 호기심의 대상으로만 생각했지만, 인간은 도도새를 맛없고 역겨운 새로 여겼던 것입니다.

포르투갈과 네덜란드 선원들은 손쉽게 잡을 수 있는 이 새를 닥치는 대로 사냥했습니다. 이때부터 도도새의 개체 수가 줄어들기 시작했죠. 정확하진 않지만, 발흐폴이 도도새라고 불린 것은 연못이나 호수에 사는 논병아리와 엉덩이 부분이 닮아 논병

도도새의 추정 모습

아리를 뜻하는 말인 도다르스Dodaars에서 따온 것이 아닐지 추측하고 있습니다. 도도새가 날지도 못하고 도망가지도 않기 때문에 멍청하다는 뜻의 도우두Doudo에서 따온 것이라는 추측도 있지만, 이것에 대한 정확한 자료는 아직 없다고 합니다.

한 종의 멸종과 생태계의 경고

황무지를 개척할 목적으로 죄수들을 보내는 곳을 형벌 식민지라고 합니다. 네덜란드는 모리셔스 섬을 형벌 식민지로 사용했는데, 이때 죄수들과 함께 원숭이와 돼지도 들여왔습니다. 그리고 배에 몰래 타고 있던 쥐도 같이 들어오게 되었죠.

도도새는 날지 못하기 때문에 알도 지상에 낳았는데, 갑자기 들어온 외래종이 이 알들을 모조리 먹어치웠습니다. 도도새는 이들에게 대항할 방법도 몰랐고, 대항할 수단도 없었습니다. 어른 도도새는 인간에 의해, 아직 태어나지 않은 새끼 도도새는 인간이 들어온 동물에 의해 죽임을 당했습니다. 도도새는 급격히 변한 환경에 적응하지 못했고, 1662년에서 1681년 사이 지구에서 완전히 멸종된 것으로 추정하고 있습니다.

모리셔스 섬에는 카바리아라는 나무가 있는데, 도도새는 이 나무의 열매를 먹고 자랐다고 합니다. 그리고 도도새의 소화기관을 거쳐 나온 열매의 씨앗이 다시 카바리아 나무로 자라는 공생 관계였죠. 이 나무의 수명은 300년 정도 되는데, 이상하게 1600년대 이후로 번식이 멈췄습니다. 1973년 한 과학자가 확인한 결과 13그루밖에 남아 있지 않았죠. 도도새가 멸종되자 카바리아 나무의 씨앗을 퍼트릴 매개체도 사라졌기 때문입니다.

다행히 지금은 도도새와 비슷한 칠면조를 데려와 나무의 멸종은 막을 수 있었다고 합니다. 이런 사실이 알려진 뒤 카바리아 나무를 도도 나무라고 부르기도 합니다. 인간은 단지 도도새 한 종을 멸종시켰을 뿐이지만, 하마터면 섬의 생태계가 완전히 파괴될 뻔한 것이죠.

도도새는 인간의 욕심으로 멸종돼 지구에서 완전히 사라졌지만, 생태계를 파괴하면 우리가 예상하지 못한 훨씬 더 큰 일이 연쇄적으로 일어날 수 있다는 사실을 보여주는 사례로 인간의 기억 속에 영원히 남게 되었습니다.

왜 바다거북은
암컷만 태어나고 있을까?

인간의 성별은 정자와 난자가 만나 수정되는 순간 결정됩니다. 엄마의 X 염색체를 가진 난자와 아빠의 X 염색체를 가진 정자가 만나면 여자가 되고, 엄마의 X 염색체를 가진 난자와 아빠의 Y 염색체를 가진 정자가 만나면 남자가 됩니다.

사람은 딸을 원하기도, 아들을 원하기도 합니다. 그래서 다양한 방법으로 아이의 성별을 결정지으려 하죠. 전자파를 많이 쬐면 딸이 나온다, 배란일에 부부관계를 하면 아들이 나온다 등 성별 결정에 관한 여러 속설이 있지만, 과학적으로 증명된 것은 아닙니다. 하지만 주변 환경에 따라 성별이 결정되는, 그래서 의도적으로 성별을 결정지을 수 있는 동물이 있다고 합니다.

성별이 모래 온도에 달려 있다고?

바다거북은 북극해를 제외한 모든 대양에서 발견되는데, 붉은바다거북, 푸른바다거북, 장수거북 등 총 7개의 종이 있습니다. 바다거북은 주로 바다에서 생활하지만, 암컷 바다거북은 알을 낳기 위해 가끔 육지로 올라오곤 합니다.

거북이는 등에 무거운 껍데기를 달고 있습니다. 바다에선 그리 무겁지 않지만 육지로 나오면 중력을 그대로 받기 때문에 등껍데기의 무게에 몸이 눌려 장기가 손상될 수도 있습니다. 그래서 알을 낳고 빠르게 바다로 돌아가야 하지만, 알을 그냥 두면 포식자들에게 잡아먹힐 수 있기 때문에 땅을 파서 묻어둡니다. 이때 땅을 너무 깊게 파면 아기 거북이들이 나올 수 없고, 너무 얕게 파면 포식자들에게 쉽게 먹히기 때문에 적당한 깊이로 둥지를 만듭니다. 그리고 다른 포식자들이 알의 위치를 쉽게 찾을 수 없도록 모래사장 주위를 돌며 가짜 둥지도 만든다고 합니다.

바다거북은 종에 따라 다르지만, 한 번에 약 100개의 알을 낳습니다. 알이 부화하기까지는 약 2개월이 걸립니다. 바다거북의 성별은 부화 시점의 절반쯤 되는 시기에 결정되는데, 이때 모래의 온도가 암컷과 수컷의 성별을 좌우한다고 합니다.

바다거북의 성별을 결정짓는 것은 히스톤 탈메틸화 효소^{KDM6B}인데, 이 효소가 활성화되면 고환이 만들어져 수컷으로 태어나고, 효소의 활성화가 억제되면 암컷으로 태어나는 것이죠. 연구

바다거북의 성별 결정 과정

진은 모래의 온도를 각각 26도와 32도로 맞춰놓고 실험을 진행했는데, 26도에선 효소가 활성화되어 수컷이 태어났고, 32도에서는 효소의 활성화가 억제되어 암컷이 태어났습니다. 이처럼 온도의 영향을 받아 성별이 결정되는 현상을 '온도 의존성 성결정TSD'이라고 합니다. 바다거북과 마찬가지로 일부의 악어와 도마뱀 종 역시 온도에 의해 새끼의 성별이 결정됩니다.

지구온난화가 낳은 성비 불균형

그런데 최근 지구온난화로 지구의 온도가 올라가자, 암컷 바다거북이 태어나는 경우가 늘어나고 있습니다. 2018년 호주 북부 해안에서 태어난 바다거북을 조사해본 결과 99퍼센트가 암컷이었습니다.

바다거북은 한 번에 100개의 알을 낳지만 부화하기 전과 부화한 후 바다로 향하는 과정, 그리고 바다로 돌아간 뒤 성장하는 동안 포식자에게 잡아먹히는 경우가 많습니다. 이 때문에 바다거북은 멸종 위기종에 속해 있습니다. 그런데 최근에는 온난화로 인해 대부분 암컷만 태어나고 있어, 이대로 두면 완전히 멸종해버릴지도 모른다는 우려가 나오고 있습니다.

바다거북은 해초와 해파리를 주로 먹으며 바다 생태계를 관리

바다를 누비는 붉은바다거북

하는 역할을 합니다. 만약 이들이 사라진다면 해양 생태계 전체가 무너질 위험이 있습니다. 그래서 많은 나라에서 바다거북을 보호하기 위한 다양한 활동을 하고 있습니다. 우리나라도 마찬가지입니다. 특히 여러 바다거북 종 가운데 붉은바다거북은 우리나라에서 알을 낳은 기록이 있어 더욱 특별한 존재입니다. 해양수산부는 2022년 8월, 붉은바다거북을 이달의 해양 생물로 선정해 보호의 필요성을 강조하기도 했습니다.

일단 알아두면 교양 있어 보이는 과학 용어

- **효소**: 생물의 세포 안에서 화학 반응의 촉매 역할을 하는 고분자 화합물. 술·간장·치즈 등의 식품이나 의약품을 만드는 데 쓴다.

빅토리아 호수의 물고기는 다 어디로 갔을까?

아프리카 중부에는 우간다, 탄자니아, 케냐 세 나라가 맞닿아 있는 빅토리아호가 있습니다. 이 호수는 아프리카에서 가장 크고 세계에서는 세 번째로 큰 호수인데, 그 넓이가 약 6만 8,800제곱킬로미터에 달합니다. 우리나라 면적이 약 10만제곱킬로미터인 걸 생각하면, 그 크기를 짐작할 수 있죠.

빅토리아호는 1858년 영국의 탐험가 존 해닝 스피크가 발견했습니다. 당시 영국의 여왕이던 빅토리아 여왕을 기리기 위해 이렇게 이름 붙였다고 합니다. 하지만 아프리카 사람들은 왜 아프리카 호수에 영국 여왕의 이름을 붙이냐며 불만을 가졌습니다. 그래서 현지에서는 '니안자호'라고 부르기도 합니다.

빅토리아 호수의 전경

평온한 호수에 드리운 외래종의 그림자

존 해닝 스피크가 빅토리아호를 발견하기 전에는 자연이 잘 보존되어 있었기에 다양한 동물이 살고 있었습니다. 특히 시클리드라는 물고기가 아주 많았죠. 시클리드는 열대어의 한 종류로, 약 1만 5,000년 전에 하나의 종이 등장한 뒤 진화를 거듭해 짧은 시간에 약 1,500종까지 늘어난 것으로 알려져 생물학자들의 큰 관심을 받고 있습니다. 이런 시클리드가 빅토리아호에 약 300~500종이나 서식한 것으로 추측됩니다. 하지만 현재는 약 200종이 멸종되었으며, 이 순간에도 계속 사라지고 있습니다.

그 이유는 1950년대에 영국이 이곳에 외래종을 들여왔기 때문입니다. 시클리드는 종에 따라 다르지만 대부분 크기가 작았기 때문에 상업적 가치가 크지 않았습니다. 그래서 영국인들은 나일농어(나일퍼치)라는 물고기를 들여왔습니다. 나일농어는 몸길이만 2미터에 몸무게가 200킬로그램이나 나가는, 시클리드와는 비교도 안 될 만큼 커다란 물고기입니다.

시클리드는 턱 안에 또 다른 턱이 있는 독특한 구조를 가지고 있습니다. 이 두 번째 턱은 딱딱한 먹이를 잘게 부수는 역할을 하는데, 이를 '인두 턱(인두 악)'이라고 합니다. 하지만 이 인두 턱 때문에 입을 크게 벌리지 못한다는 단점도 있습니다. 시클리드는 갑자기 등장한 나일농어와 생존경쟁을 해야 했지만, 입을 크게 벌리지 못하니 음식을 빨리 먹을 수 없어서 도태되기 시작했습니다. 나일농어와 체급 차이도 많이 나서 싸움에서 이길 수도 없었죠. 시클리드는 적응력이 굉장히 빠른 물고기였지만, 인간이 만든 변수 앞에선 아무것도 아닌 존재가 되었습니다.

녹조로 뒤덮인 호수의 비극

처음에 빅토리아호의 나일농어 개체 수는 전체 물고기 중 1퍼센트밖에 되지 않았습니다. 그런데 1980년을 기점으로 상황이 완전히 바뀌었습니다. 시클리드를 제치고 나일농어가 점점 더 많아지더니, 결국 전체 물고기의 70퍼센트를 차지하게 된 것입니다. 반면, 한때 40퍼센트나 되던 시클리드의 개체 수는 1퍼센트 이하로 뚝 떨어지고 말았습니다.

호수와 같이 물이 정체된 곳에 영양물질이 너무 많이 공급되는 현상을 '부영양화'라고 합니다. 영양물질이 많아지면 플랑크톤의 수가 과도하게 늘어나고, 이 때문에 녹조 현상이 발생해 생태계가 파괴됩니다. 빅토리아호의 경우 나일농어에 의해 플랑크톤을 먹고 자라는 시클리드의 개체 수가 줄어들어, 플랑크톤이 걷잡을 수 없이 늘어나버린 것입니다. 그 결과 부영양화와 함께 수질오염도 심각해졌죠.

생태계가 파괴된 빅토리아호에서 나일농어 역시 잘 살아갈 수 있을 리 없습니다. 먹이가 줄어들자 빅토리아호의 나일농어는

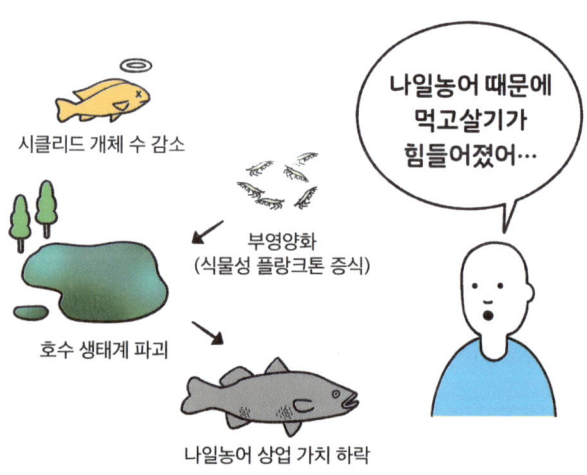

나일농어 유입 후 빅토리아호의 변화

제대로 자라지 못했고, 결국 다른 지역에서 자란 나일농어와의 경쟁에서 밀려 상업적 가치도 떨어지게 되었습니다.

　빅토리아호 근처에 사는 사람들은 원래 시클리드를 비롯한 작은 물고기들을 잡으며 살아갔습니다. 하지만 나일농어에 의해 이들의 수가 급격히 줄어들었고, 주민들은 생계를 유지하기 어려워졌습니다.

　현대에 들어서 빅토리아호의 생태계를 회복시키기 위한 다양한 노력이 이어지고 있지만, 전문가들은 호수가 예전의 모습으로 완전히 돌아가기는 어렵다고 보고 있습니다. 처음 영국이 개입했을 때는 사소한 변화였지만, 제때 바로잡지 못해 결국 큰 재앙으로 번졌고, 그 피해는 고스란히 무고한 생물들과 사람들에게 돌아간 상황입니다.

PART 05

세상에서 가장 신기한 작지만 강한 곤충의 비밀

인류는 왜 모기를 멸종시키지 않는 걸까?

　지구상의 여러 동물 중 인간에게 가장 치명적인 동물은 무엇일까요? 통계 자료에 따르면 3위가 뱀이고, 2위는 놀랍게도 인간입니다. 그리고 1위가 바로 모기죠. 이처럼 모기는 여름을 대표하는 벌레이자, 인간을 괴롭히는 해충입니다.
　모기는 평소 식물의 즙이나 꽃의 꿀, 이슬을 먹고 살아갑니다. 하지만 산란기에는 암컷이 영양분을 보충하기 위해 인간이나 다른 동물의 피를 빨아 먹습니다. 모기의 침은 피를 빨아 먹는 데 최적화되어 있습니다. 하나처럼 보이지만 사실 여섯 개로 나뉘는데, 먼저 두 개의 침으로 피부 조직을 썰어 약하게 만들고 다른 두 개의 침으로 피부에 구멍을 내 혈관을 찾습니다. 그래서 모기는 피부가 두꺼운 코끼리도 물 수 있고, 우리가 입은 옷도 뚫을 수 있습니다. 남은 두 개의 침 중 하나를 혈관에 꽂아 피를 빨고, 마지막 침으로 화학 물질을 내뱉어 피부를 마취하거나 피가 굳지 않도록 만듭니다.

이 과정에서 말라리아, 황열병, 뎅기열, 지카 바이러스 같은 여러 질병을 옮깁니다. 한국에서는 이런 병을 쉽게 볼 수 없지만, 아프리카에서는 매년 수많은 사람이 모기로 인해 죽어갑니다. 매년 2~3억 명 정도가 말라리아에 감염되고, 그중 50만 명이 사망하는 것으로 알려져 있습니다. 이 때문에 모기는 인류에게 전혀 도움이 되지 않는 해로운 존재로 인식되죠.

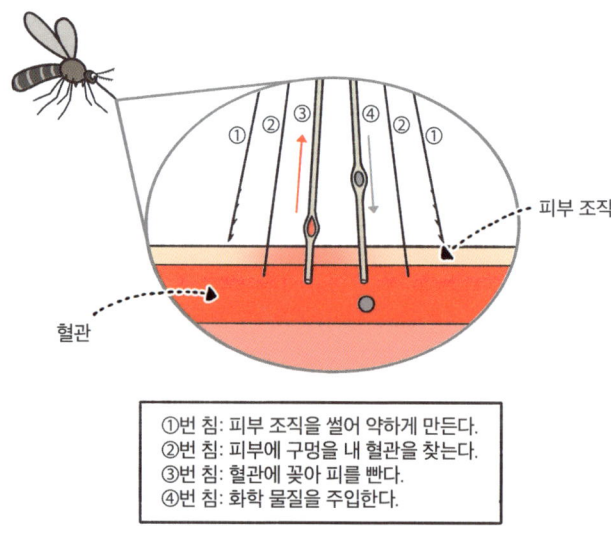

모기의 침 구조

이렇게 반복되는 피해를 겪으면서도 인류는 도대체 왜 모기를 멸종시키지 않는 것일까요?

모기의 멸종을 둘러싼 찬반 대립

모기는 약 1억 년 전 처음 등장해 현재 3,500종으로 진화해온 그야말로 지구 생태계의 '레전드' 같은 존재입니다. 이들은 1억 년이 넘는 시간 동안 생태계에서 중요한 역할을 해왔습니다. 먼저 모기는 개구리, 도마뱀, 거미, 새 등 다양한 동물에게 훌륭한 먹잇감이 됩니다. 만약 모기가 사라진다면 이들을 먹으며 살아가던 생물들도 함께 위협받을 수 있고, 먹이사슬의 균형이 무너질 수 있습니다.

또한 모기는 식물의 수분을 돕는 곤충이기도 합니다. 따라서 만약 모기가 멸종된다면 지구상에 존재하는 식물의 개체 수가 줄어들 수도 있습니다. 특히 모기는 열대 지역에서 카카오 같은 작물의 수분을 담당하는데, 모기가 없어지면 초콜릿도 사라질 수 있다고 우려하는 학자들도 있습니다. 게다가 수천 종의 모기 중 인간에게 피해를 주는 모기는 약 10종에 불과합니다. 이 적은 수의 종 때문에 모기 전체를 멸종시키는 것은 생태계 전체를 위협하는, 지나치게 이기적인 선택일 수 있습니다.

하지만 모기 멸종에 찬성하는 일부 학자들은 다른 의견을 제

시합니다. 실제로 새의 위장을 조사해본 결과 모기 사체는 거의 발견되지 않았는데, 이는 모기가 주요 먹잇감이 아니라는 증거라는 것입니다. 따라서 모기가 사라지더라도 다른 벌레가 그 자리를 대체해 먹이사슬에 큰 영향을 주지는 않을 것이라고 분석합니다. 이들은 식물의 수분 역할도 다른 곤충들이 대체할 수 있다고 봅니다. 물론 모기가 사라지면 생태계에 일시적인 변화는 생기겠지만, 자연이 스스로 균형을 회복할 것이라고 주장하죠.

모기가 멸종하면 가장 이득을 보는 존재는 인간일 것입니다. 매년 말라리아로 목숨을 잃는 사람들의 수가 줄어들고, 그만큼 인구가 늘어나 노동력이 상승할 수 있습니다. 또한 모기가 옮기는 질병에 의한 막대한 의료비를 다른 분야에 쓸 수 있겠죠. 그래서 모기 멸종에 찬성하는 이들은 모기가 사라지면서 생길 수 있는 생태계의 혼란보다, 인류가 얻는 이득이 더 클 것이라고 주장합니다.

기술적 한계와 생태계 리스크

그럼에도 불구하고 인류가 아직 모기 멸종을 실행에 옮기지 않는 이유는 모기를 확실하게 없앨 수 있다는 확신도, 그럴 만한 기술력도 없기 때문입니다. 모기는 특정 지역이나 나라에만 서식하는 곤충이 아닙니다. 전 세계 거의 모든 곳에 퍼져 있으며,

심지어 남극이나 사막에도 살고 있습니다. 만약 모기의 멸종을 목표로 한다면, 전 세계적으로 동시에, 최대한 단시간에 진행되어야 합니다. 그렇지 않으면 살아남은 모기들이 면역력을 갖게 되어, 오히려 지금보다 더 강하고 통제하기 어려운 새로운 종이 등장할 가능성도 있습니다.

모기가 멸종하더라도 생태계에 큰 영향은 없을 것이라는 주장이 있지만, 실제로 어떤 일이 벌어질지는 아무도 확신할 수 없습니다. 자연을 함부로 조작했을 때 나타나는 결과는 누구도 예상할 수 없기 때문이죠. 그래서 유전자 조작을 통해 모기가 인간에게 말라리아를 옮길 수 없도록 하는 기술이 실제로 존재하기도 합니다. 예를 들어, '크리스퍼 유전자 가위' 기술을 이용하면, 말라리아균에 감염되지 않는 모기를 만들어낼 수 있죠. 하지만 이 역시 유전자 조작 모기가 가져다줄 후폭풍을 예상할 수 없어서 아직 실행하지 않고 있습니다.

우리는 당장 내일의 날씨도 정확하게 알 수 없습니다. 그만큼 자연은 예측하기 어렵습니다. 모기가 인간에게 주는 피해는 크기 때문에 어떤 형태로든 대책이 필요해 보입니다. 그러나 한 생명을 멸종시켜도 되는 것인지, 그렇게 했을 때 자연계에는 어떤 변화가 생길지 모두가 깊이 고민해봐야 합니다.

죽었는데 살아 있는 좀비 개미가 있다고?

만약 우리의 심장이 뛰지 않는다면 어떻게 될까요? 생각할 것도 없습니다. 죽게 되겠죠. 심장이 뛰지 않는데 살아 움직일 수 있는 사람은 없습니다. 그 사람이 좀비가 아니라면 말이죠. 좀비는 심장이 뛰지 않아도, 즉 죽어 있어도 살아 움직일 수 있습니다. 인간 좀비는 현실 세계에 존재할 수 없지만, 개미 중에서는 죽었지만 살아 움직이는 좀비 개미가 존재한다고 합니다.

개미는 우리 주변에서 쉽게 볼 수 있는 곤충입니다. 지구상에는 약 1경 마리 정도의 개미가 서식하는 것으로 추측하고 있습니다. 이들의 무게를 모두 합치면 지구에 사는 모든 인간의 무게를 합한 것과 비슷할 것이라고 합니다. 개미는 공동체 생활을 하며,

무리가 하나의 사회를 이루고 있습니다. 또한 의사소통을 통해 할 일을 분업하는 것으로도 잘 알려져 있죠.

죽음의 냄새를 알아채는 무서운 능력

호주의 불독개미 같은 일부 종을 제외하면, 대부분의 개미는 시력이 좋지 않습니다. 대신 개미는 '페로몬'이라는 화학 물질을 이용해 의사소통하며, 머리에 달린 더듬이로 이 냄새를 감지합니다. 시력은 약하지만, 후각은 매우 뛰어나기 때문에 개미 사회에서는 냄새가 중요한 역할을 합니다.

개미는 동료가 죽으면 사체를 무덤으로 옮기는 행동을 합니다. 사체를 방치하면 다른 포식자가 접근해 무리를 위협할 수 있고, 동료가 병에 걸려 죽었다면 병균이 전염될 수 있기 때문이죠.

개미는 살아 있을 때는 페로몬이라는 화학 물질을 분비하지만, 죽고 나면 올레산이라는 화학 물질을 분비합니다. 올레산은 식물성 기름뿐만 아니라 동물성 기름에도 많이 들어 있는 물질로, 우리 주변에서 쉽게 볼 수 있는 올리브유에 많이 들어 있습니다. 물에 잘 녹지 않는 성질로, 비누나 화장품의 재료로도 사용되는 물질입니다.

개미는 더듬이를 이용해 올레산을 감지하고 동료의 몸에서 올레산 냄새가 나면 죽은 것으로 판단해 사체를 무덤으로 옮깁니

다. 그런데 만약 살아 있는 개미에게서 올레산 냄새가 난다면 어떨까요? 그 개미는 분명 살아서 움직이고 있지만, 다른 개미의 후각에는 '죽은 개미'로 인식되기 때문에 위험 요소로 판단되어 무덤으로 끌려가게 됩니다. 살아 있지만 죽은 것처럼 여겨지는, 일종의 '좀비 개미'가 되어버리는 것이죠.

좀비 개미는 끌려가는 과정에서 아직 살아 있다고 발버둥 쳐 보지만, 인간과 좀비가 같이 살 수 없는 것처럼 이미 죽은 것으로 판단된 좀비 개미는 격리될 수밖에 없습니다. 그리고 끝내 진짜 죽음을 맞이하게 됩니다. 일부의 개미는 자신의 몸에서 올레산 냄새가 나면 자신이 곧 죽을 것이라고 판단해 스스로 무덤으로 가기도 합니다. 반면 자신의 몸에 묻은 올레산을 지워 다시 사회로 돌아가는 경우도 있다고 합니다.

단지 올레산 냄새가 난다는 것만으로 살아 움직이는 동료 개미를 죽었다고 판단하는 것이 조금 가혹하게 느껴지기도 합니다. 하지만 심장이 멈췄는데도 살아 움직이는 사람을 봤을 때 우리가 어떤 행동을 할지 생각해본다면, 어느 정도 이해가 되기도 합니다.

> **일단 알아두면 교양 있어 보이는 과학 용어**
>
> ◆ 페로몬: 동물, 특히 곤충이 분비·방출해 같은 종에게 어떤 행동을 일으키게 하는 물질. 위험을 알리는 경보 페로몬, 이성을 꾀는 성페로몬이 있다.

벌집이 육각형인 과학적인 이유는?

　벌은 우리에게 꽤 익숙한 곤충입니다. 침이 있어 사람을 쏘기도 하지만, 동글동글한 외모와 달콤한 꿀 덕분에 어느 정도 친근한 이미지로 다가오죠. 꿀을 만들어내는 벌을 꿀벌이라고 합니다. 이들은 꽃에서 꿀을 삼켜 뱃속에 보관한 뒤, 벌집으로 돌아와 그것을 뱉어냅니다. 벌은 무리 생활을 하기 때문에 하나의 벌집에서는 수많은 벌이 함께 생활합니다. 그래서 벌집을 잘못 건드리면 벌떼가 한꺼번에 몰려와 공격하기도 하죠.

　벌집은 신기한 구조로 만들어져 있습니다. 많은 벌이 함께 살아야 해서 방이 많기도 하고, 특이하게 육각형 모양을 하고 있죠. 벌집의 모양은 왜 육각형일까요?

강한 압력을 견디는 허니콤 구조

 세 개 이상의 직선으로 이루어진 도형을 다각형이라고 합니다. 선의 개수에 따라 삼각형, 사각형, 오각형, 육각형 등으로 나뉘죠. 벌집은 층층이 쌓여 있는 구조로, 꿀을 안전하게 보관하기 위해서는 튼튼하게 지어져야 합니다. 또한 많은 방을 만들어야 하므로 빈 공간 없이 공간을 최대한 효율적으로 사용해야 하죠. 그러기 위해서는 한 꼭짓점에 모이는 각들의 합이 정확히 360도가 되어야 합니다. 그래야 빈틈이나 겹치는 부분이 없을 테니까요. 이렇게 규칙적으로 배열할 수 있는 도형은 삼각형, 사각형, 육각형뿐입니다.

 따라서 벌집은 삼각형, 사각형, 육각형 중 하나가 되어야 합니

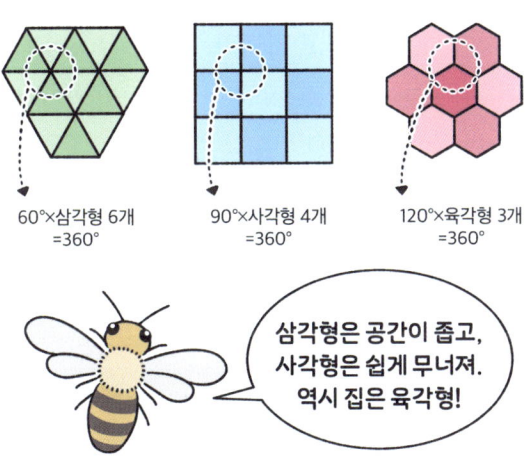

다. 그런데 삼각형은 육각형에 비해 면적이 좁아서 많은 꿀을 보관할 수 없고 벌이 드나들기에 불편합니다. 사각형은 삼각형보다 방이 크긴 하지만, 역시 육각형에 비해 면적이 좁고 충격에 약해서 집으로 만들기에 좋은 도형이 아닙니다. 육각형이 가장 튼튼하고 가장 넓은 공간을 확보할 수 있어 벌집 구조에 안성맞춤이죠.

육각형은 특히 위에서 아래로 누르는 힘에 매우 강한 구조입니다. 이런 형태를 벌집 구조, 또는 '허니콤 구조'라고 합니다. 압력을 많이 받을 수밖에 없는 비행기나 인공위성을 만들 때 허니콤 구조를 사용합니다. 빠르게 달리는 KTX 열차도 마찬가지입니다. 만약 예상치 못한 사고로 열차가 벽에 부딪힌다면 기관사와 승객 모두 위험해질 수 있습니다. 이를 대비해 열차 앞부분에 충격을 흡수하는 장치가 설치돼 있는데, 이 장치에도 허니콤 구조가 사용됩니다. 덕분에 충돌 시 발생하는 충격 에너지의 약 80퍼센트를 흡수할 수 있다고 합니다.

벌집의 방 모양이 바뀌는 신기한 원리

과거에는 벌이 육각형의 이런 장점을 알고 집을 짓는다고 생각해 꿀벌의 지혜에 엄청난 찬사를 보냈습니다. 하지만 연구를 통해 벌들의 집이 처음에는 육각형이 아니라 원형이라는 것을

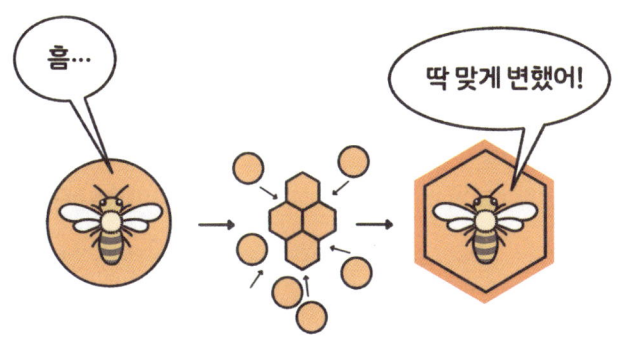

원형에서 육각형으로 바뀌는 벌집

밝혀냈습니다. 꿀벌의 몸에서는 밀랍이라는 물질이 분비되는데, 벌들은 이 밀랍을 이용해 집을 짓습니다. 처음에는 집을 원형으로 만들지만, 벌들의 체온으로 인해 밀랍이 녹아 끈적한 상태가 되면서 자연스럽게 모양이 바뀝니다. 밀랍이 부드럽게 흐르면서 서로 맞닿은 부분이 점차 육각형으로 변하는 것입니다. 비눗방울이 하나만 있을 땐 원형이지만 여러 개가 뭉쳐 있으면 모양이 점점 육각형이 되는 것도 같은 원리입니다.

 영국의 한 연구진은 벌집이 어떻게 만들어지는지 알아보기 위해 흥미로운 실험을 했습니다. 새로 만들어지고 있는 벌집에 연기를 피워 벌들을 내쫓은 뒤, 내부 구조를 관찰한 것입니다. 그 결과 막 만들어지고 있는 벌집의 방은 육각형이 아닌 원형이었다고 합니다.

 우리는 벌의 언어를 이해할 수 없기 때문에 벌이 처음부터 집을 의도적으로 원형으로 만든 것인지, 아니면 그냥 짓다 보니 결과적으로 육각형이 된 것인지 정확히 알 수 없습니다. 하지만 한 가지는 분명합니다. 꿀벌은 과일을 맺게 하는 충매화를 통해 우리에게 맛있는 먹거리를 선물해주고, 달콤한 꿀을 제공해주며, 벌집 구조라는 자연 속의 놀라운 과학을 보여주는 고마운 존재라는 사실입니다.

일단 알아두면 교양 있어 보이는 과학 용어

- **밀랍:** 벌집을 만들기 위해 꿀벌이 분비하는 노란 물질로 상온에서 단단하게 굳어지는 성질이 있다. 절연제, 광택제, 방수제 등으로 쓴다.
- **충매화:** 곤충에 의해 꽃가루가 운반되어 수분이 이뤄지는 꽃으로 개나리꽃, 무궁화꽃, 호박꽃 등이 있다.

벌레는 왜 빛을 향해 모여드는 걸까?

 해가 뜨는 낮에는 볼 수 없지만, 밤이 되어 가로등이 켜지면 어김없이 벌레들이 가로등 불빛 아래 모여 그들만의 정기 모임을 시작합니다. 캠핑할 때도 마찬가지입니다. 어두워서 랜턴을 켜면 순식간에 많은 벌레들이 빛으로 달려들어 광란의 파티를 시작하죠. 조명의 뜨거운 열기에 동료들이 죽어나가는 것을 눈앞에서 보면서도, 이들은 빛을 향한 사랑을 멈추지 않습니다. 벌레들은 왜 빛을 보면 달려드는 것일까요?

 생물이 어떤 자극을 받고 자극에 의해 이동하는 것을 '주성'이라고 합니다. 만약 자극의 종류가 빛이라면 주광성이라고 하죠. 이때 빛 쪽으로 이동하는 것을 양성 주광성이라고 하고, 빛의 반대 방향으로 이동하는 것을 음성 주광성이라고 합니다. 빛을 피해 땅속에 살고 있는 지렁이나 불을 켜면 도망가는 바퀴벌레 같은 것들이 음성 주광성이고, 빛을 보면 달려드는 나방이나 모기 같은 것들이 양성 주광성입니다. 빛에 민감하게 반응하는 이들의 특성은 태어날 때부터 정해진 것입니다.

가로등 지옥에 빠진 나방들

빛에 반응하는 곤충 중 가장 대표적인 것이 나방입니다. 나방은 약해서 햇빛이 비치는 밝은 시간에 활동하는 것은 생존에 적합하지 않았습니다. 그래서 낮에는 천적의 눈을 피해 나무나 바위에 숨어 있죠. 그러다가 밤이 되면 활동을 시작합니다. 밤에는 어둡고 천적이 적기 때문이죠. 나방의 시력은 그리 좋은 편이 아니라서 달빛을 이용해 먹이를 찾아다닙니다.

달은 지구와 멀리 떨어져 있기 때문에 달빛은 거의 평행하게 지구로 들어옵니다. 그래서 벌레들은 달빛이 한쪽 방향에서 일관성 있게 들어오는 것처럼 느낍니다. 눈이 양쪽에 있는 나방은 양 눈에 같은 밝기의 빛이 들어오면 자극이 똑같이 전달되어 곧게 날아갈 수 있습니다. 그런데 만약 한쪽 눈에 더 밝은 빛이 들어오면 어떻게 될까요? 나방은 반대쪽 눈에도 같은 밝기의 빛이 들어오도록 방향을 틀며 이동합니다. 이렇게 나방은 일정한 각

두 눈에 같은 밝기의 빛이 들어오면 일직선으로 날아가지만, 두 눈에 다른 밝기의 빛이 들어오면 방향이 틀어진다!

도를 유지하며 빛을 따라 원을 그리듯 나선형으로 회전하며 이동하는데, 이런 움직임을 '광나침 운동'이라고 부릅니다. 광나침 운동은 나방뿐만 아니라 주광성을 가진 곤충들에서 흔히 볼 수 있는 행동입니다.

과거에는 밤이 되면 달빛밖에 없었기 때문에 벌레들이 비행하는 데 어려움이 없었지만, 가로등이 생기면서 벌레들의 비행에 문제가 생겼습니다. 이들은 가로등을 달빛이라고 착각하고, 가로등을 이용해 먹이를 찾으려고 합니다. 하지만 가로등은 달보다 가까이에서 비치기 때문에 양쪽 눈으로 들어오는 빛의 밝기가 서로 다르죠. 결국 나방은 곧게 날지 못하고 광나침 운동을 하며 계속 가로등에 가까워지다가 가로등에 부딪히거나 열에 의해 죽게 되는 것이죠.

우리 머리 위에서 짝짓기하는 벌레들

나방처럼 빛을 보면 미친 듯이 달려드는 벌레가 또 있습니다. 바로 하루살이나 모기로 착각하기 쉬운 깔따구입니다. 깔따구의 유충은 물속에서 생활하기 때문에 강가나 하천 주변에서 많이 볼 수 있습니다. 그래서 그 근처에서 운동을 하다 보면 머리 위를 따라다니는 깔따구 무리를 마주치게 됩니다. 손을 휘저어도 달아나지 않고, 아무리 움직여도 떨어지지 않으며, 눈이나 입에 들어가 불쾌감을 주기도 합니다.

이렇게 무리를 지어 비행하는 것을 '군무' 혹은 '군비'라고 합니다. 깔따구는 성충의 수명이 2~7일로 짧기 때문에, 어른이 된 후에는 대부분의 시간을 짝짓기, 즉 종족 번식에 사용합니다. 흩어져 있는 것보다, 한곳에 모여 있는 편이 짝을 찾을 확률이 더 높아서 무리를 이루는 것이죠. 깔따구가 군무를 하는 것도 바로 교미 때문입니다. 이런 군무를 하려면 기준점이 필요한데, 인간은 깔따구에게 최고의 기준점이 됩니다. 따라서 우리의 머리 위에서 군무를 벌이는 것은 교미를 하거나 교미할 대상을 찾는 중이라는 뜻입니다.

일단 알아두면 교양 있어 보이는 과학 용어

◆ **나선형**: 소라의 껍데기처럼 빙빙 비틀려 돌아간 모양

절대 죽이면
안 되는 모기가 있다고?

잉…. 귓가를 맴돌며 사람을 괴롭히는 그 녀석. 피만 빨고 가면 그나마 다행이지만, 각종 병균을 옮기고 가려움까지 안겨주는 모기는 누구에게나 반갑지 않은 존재입니다. 여름과 가을 한정 인류의 최대 적이라고 해도 손색이 없을 정도죠. 아디다스 무늬를 가진 흰줄숲모기부터 빨간집모기, 이집트숲모기, 학질모기 등 종류도 다양하지만, 하나같이 보이는 즉시 퇴치 대상이라는 데에는 이견이 없을 것입니다.

그런데 놀랍게도 모기 중에 인간에게 이로운 '익충 모기'가 있다는 사실, 알고 계셨나요? 절대 죽여서는 안 되며, 오히려 엎드려서 절을 해도 모자란 모기가 있다고 합니다.

익충의 자질을 두루 갖춘 광릉왕모기

모기는 전 세계에 약 3,500종이 존재하는 것으로 알려져 있습니다. 이 가운데 우리나라에는 약 50종 정도가 서식하고 있습니다. 그중에서도 유일하게 익충으로 알려진 모기가 있는데, 크기가 15~20밀리미터 정도로 약 5밀리미터 정도 되는 일반적인 모기보다 월등히 큽니다. 그래서 왕모기로 분류되며, 우리나라에서는 광릉수목원(국립수목원)에서 처음 발견되어 '광릉왕모기'라고 부르고 있습니다.

광릉왕모기는 유충일 땐 자기보다 작은 동물, 특히 다른 모기의 유충을 잡아먹으며 성장합니다. 성충이 된 이후에는 꽃의 꿀을 먹으며 삽니다. 이들의 주둥이는 일반 모기와 달리 휘어져 있어서 피부를 뚫기에 적합하지 않습니다. 따라서 사람이나 다른 동물의 피를 전혀 빨지 않으며, 병균을 옮길 일도 없고 가려울

일도 없습니다. 애초에 피를 빨지 못하니 사람에게 관심도 없고, 귀 옆을 맴도는 행동 역시 하지 않습니다.

광릉왕모기는 숲이나 나무 구멍, 폐타이어에 고여 있는 물 등에서 주로 서식하며, 이는 일반적인 모기와 비슷한 점입니다. 하지만 크기 면에서는 차이가 큽니다. 성충은 물론 유충까지도 일반 모기보다 훨씬 크고 강력해서, 유충 시기에는 다른 모기 유충을 잡아먹으며 자라나는 것입니다.

모기 유충은 성장 과정에서 허물을 벗으며 크기를 키워가는데, 이것을 '령'이라고 합니다. 한 번 허물을 벗으면 1령, 두 번 벗으면 2령. 이런 식으로 숫자를 매기죠. 광릉왕모기를 연구해본 결과, 4령 유충이 아디다스 모기로도 불리는 흰줄숲모기의 3령 유충을 하루 평균 10마리씩 잡아먹는다는 사실이 밝혀졌습니다.

이러한 이유로 환경부와 고려대학교 연구진은 광릉왕모기를 사육하여 방제 수단으로 활용할 방법을 연구했습니다. 이는 숲모기가 너무 많이 퍼지는 것을 막고, 모기가 옮기는 각종 질병을 미리 예방하려는 목적이었죠. 그 결과 2017년에는 50일 동안 암컷 한 마리에서 600마리 이상의 광릉왕모기를 얻어내는 데 성공했습니다.

물론 광릉왕모기를 방제에 활용할 때 생태계 교란이 일어나지 않을지 우려의 목소리도 있습니다. 그래서 더 많은 연구를 통해 생태계에 큰 영향을 주지 않는다고 판단될 때만 방제에 적용할 계획이라고 합니다. 다른 모기를 잡아먹으며 사람의 피를 빨

사람의 피를 빨지 않는 광릉왕모기

거나 병균을 옮기지 않고, 꽃의 꿀을 빨아 수분 활동에도 기여하는 지구 최고의 생물, 광릉왕모기. 우리는 이 특별한 모기를 기억할 필요가 있습니다. 여름철, 혹시라도 이상하게 큰 모기를 마주친다면, 넓은 아량으로 살려주는 것도 좋을 것 같습니다.

사람의 집을 박살 내는 곤충이 있다고?

2023년, 한 인터넷 커뮤니티에 알 수 없는 곤충 수십 마리가 나타났다는 글이 올라왔습니다. 환경부의 조사 결과 이 곤충은 '마른나무흰개미'인 것으로 밝혀졌습니다. 마른나무흰개미는 흰개미에 속하는 곤충 중 하나로 그동안 우리나라에서 발견된 적이 없는 외래종입니다. 흰개미는 이름 때문에 개미의 한 종류로 생각될 수 있지만, 개미보다는 오히려 바퀴벌레에 더 가까운 곤충입니다.

흰개미는 1억 4,000만 년 전 시작된 것으로 알려진 백악기 때부터 존재했습니다. 흰개미는 집단 내에서 역할을 분담하고 협력하는 사회적 동물입니다. 인간, 개미, 벌처럼 흰개미 역시 구성

원 간의 상호작용을 통해 사회를 이룹니다. 흰개미 사회는 한 마리의 여왕과 한 마리의 왕, 일개미, 병정개미 그리고 여왕이 죽었을 때를 대비하는 부생식충으로 구성됩니다. 일개미는 먹이를 구하고 굴을 건설해 관리하는 역할을 맡으며, 병정개미는 무리를 지키는 임무를 수행합니다.

여왕개미는 왕개미와 짝짓기를 통해 알을 낳는데, 특이하게도 한 마리의 왕개미하고만 짝을 이룹니다. 일개미와 병정개미는 크기가 5밀리미터 정도이고, 여왕개미는 1센티미터 정도입니다. 산란기에는 여왕개미의 복부가 10센티미터 정도로 커지기도 하는데, 연간 수십만 개의 알을 낳을 수 있습니다. 흰개미에게 날개가 있다는 것은 생식 능력을 가졌다는 뜻입니다. 국내에서 발견된 마른나무흰개미 중에도 날개를 지닌 개체들이 있었기 때문에, 일부에서는 이미 번식 단계에 들어섰을 가능성을 우려하는 목소리도 나왔습니다.

나무도 소화시키는 장의 비밀

흰개미가 두려움의 대상인 이유는 나무를 먹기 때문입니다. 흰개미는 남극 대륙을 제외한 모든 대륙에 서식합니다. 오래된 나무를 먹어 생태계를 순환시켜주므로 자연에는 이로운 곤충이지만, 나무로 만든 집이나 가구를 먹어 망가트리기 때문에 인간에게는 해충으로 분류됩니다. 실제로 흰개미로 인해 집이 무너지는 경우도 있습니다. 미국에서는 이로 인해 연간 1조 원 이상의 피해가 발생하고 있고, 호주에서는 흰개미가 은행을 습격해 2억 5,000만 원 가량의 지폐를 갉아 먹기도 했습니다.

사실 나무는 소화하기 어려운 물질이라, 나무를 주식으로 삼는 동물은 그리 많지 않습니다. 흰개미 역시 혼자 힘으로는 나무를 소화시키지 못합니다. 그럼에도 흰개미가 나무를 먹고 살아갈 수 있는 것은, 장 속에 사는 '트리코님파'라는 원생동물 덕분입니다. 트리코님파에게는 나무를 분해해 포도당과 같은 에너지

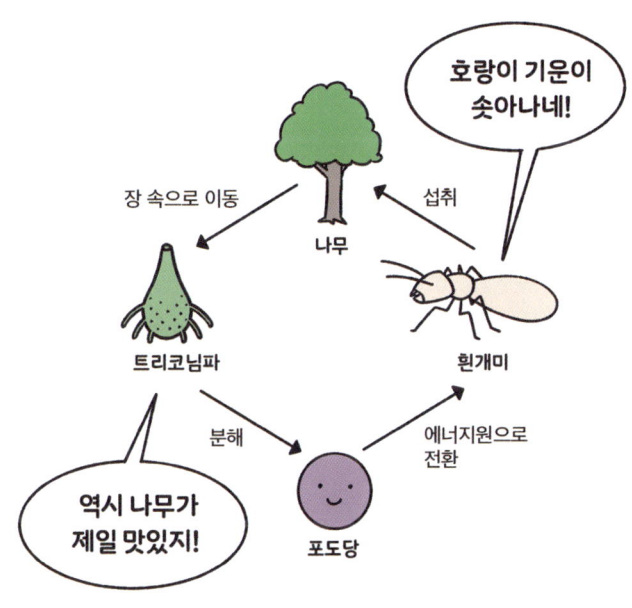

흰개미와 트리코님파의 공생 관계

원으로 바꿀 수 있는 능력이 있습니다. 흰개미가 나무를 먹으면 트리코님파는 이를 분해하고, 그 과정에서 얻은 영양분으로 흰개미는 살아갑니다. 즉 흰개미는 트리코님파에게 집과 먹이를 제공하고, 트리코님파는 흰개미에게 에너지를 공급하는 공생 관계를 맺고 있는 셈입니다.

흰개미는 나무의 속부터 갉아 먹기 때문에 피해가 발생하더라도 한동안 알아채기 어렵습니다. 특히 마른나무흰개미는 수분이 거의 없는 환경에서도 생존할 수 있고, 갉아 먹은 나무에 군집을 이루는 습성이 있어서 한번 피해가 발생하면 확산 속도가 빠르고 피해 규모도 커질 수 있습니다.

우리나라의 경우 대부분의 주거지가 콘크리트 건물이라 붕괴 위험은 크지 않지만, 흰개미가 퍼지면 목재로 된 가구나 전통 가

마른나무흰개미의 습격을 받은 목조 건물 천장

옥, 문화재 등에 큰 피해를 줄 수 있습니다. 최근에는 유네스코 세계유산에 등재된 종묘에서도 흰개미로 인한 피해가 확인되었다고 합니다. 처음에 비해 발견 건수는 확연히 줄었지만 흰개미는 바퀴벌레와 가까운 생물로, 생명력이 매우 강하기 때문에 완전히 안심하기는 어렵다는 우려가 있습니다.

일단 알아두면 교양 있어 보이는 과학 용어

- **백악기**: 중생대를 3기로 나눴을 때 마지막 지질시대. 약 1억 4,500만 년 전부터 6,500만 년 전까지의 시대를 말한다.
- **부생식충**: 흰개미 사회에서 여왕개미와 왕개미의 번식을 보조하거나, 그들이 노화·사망했을 때 번식 기능을 대신하는 개체. 날개가 없거나 흔적만 남아 있으며, 생식력은 낮으나 집단의 유지와 확장에 기여한다.

짝짓기를 위해
목숨까지 거는 동물이 있다고?

　녹색이나 갈색의 몸을 가진 사마귀는 날카롭고 공격적인 형태의 앞다리를 이용해 다른 곤충을 사냥하는 곤충계의 최상위 포식자입니다. 이름이 왜 '사마귀'인지에 대한 정확한 유래는 알려져 있지 않지만, 수많은 곤충의 목숨을 빼앗는 모습이 마치 불교에 등장하는 몸과 마음을 빼앗는 악마인 '사마(死魔)'를 떠올리게 해서 붙여졌다는 이야기가 전해지기도 합니다.
　사마귀는 놀랍게도 바퀴벌레와 친척이라고 합니다. 그래서일까요? 생명력이 아주 강한 곤충으로도 알려져 있죠. 일주일 동안 먹지 않고도 살아남을 수 있고, 머리가 잘려도 한동안 몸을 움직일 수 있습니다.

사랑인가, 최후의 만찬인가?

사마귀의 수명은 8개월 정도 되는데 8~9월이 되면 짝짓기를 시작합니다. 짝짓기를 하길 원하는 수컷이 암컷을 찾아다니는데, 사마귀는 주변 환경과 색깔이 비슷해 쉽게 눈에 띄지 않습니다. 이것은 수컷 사마귀의 눈에도 마찬가지이죠. 그래서 암컷은 페로몬을 방출해 수컷에게 자신의 위치를 알립니다. 이 냄새를 맡고 수컷이 암컷을 찾아내면 이들의 짝짓기가 시작됩니다.

사마귀의 짝짓기는 아주 독특합니다. 수컷이 암컷에게 달라붙어 짝짓기를 하고 있으면, 어느 순간 암컷 사마귀가 뒤로 돌아 수컷의 머리를 먹어치우기 시작합니다. 사마귀는 수컷보다 암컷이 훨씬 크고 강하기 때문에, 잡히는 순간 어떠한 저항도 하지 못하고 짝짓기를 하는 중에 머리를 뜯겨 죽게 됩니다. 즉 수컷 사마귀는 짝짓기를 하기 위해선 목숨까지 걸어야 합니다.

앞서 말했듯이 사마귀는 머리가 잘려도 몸을 움직일 수 있습니다. 그래서 머리를 뜯어 먹혀도 짝짓기를 계속 이어나갑니다. 수컷 사마귀의 머리에는 사정을 억제하는 신경이 있습니다. 짝짓기 도중 머리를 뜯어 먹히면 사정을 억제하는 신경도 사라져 수컷 사마귀의 사정량이 더욱 늘어난다고 합니다. 그 결과 암컷 사마귀는 더 많은 알을 낳을 수 있습니다. 부모의 짝짓기를 통해 태어나 짝짓기를 끝으로 세상과 작별하게 되는 굉장히 기괴한 짝짓기 방법인 것이죠.

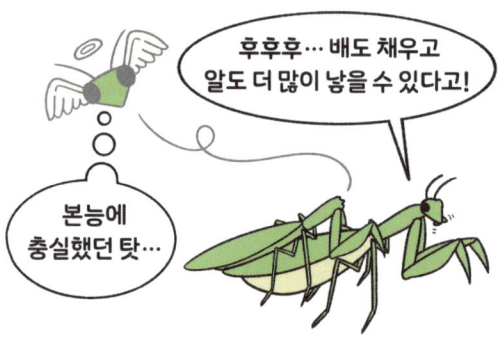

　물론 모든 수컷 사마귀가 짝짓기 도중 잡아먹히는 것은 아닙니다. 한 연구에 따르면 수컷이 암컷에게 잡아먹힐 확률은 25퍼센트 정도입니다. 또한 수컷 사마귀는 죽지 않기 위해 빠르게 짝짓기를 끝내고 도망가기도 하고, 암컷이 다른 일을 할 때 짝짓기를 하는 경우도 있다고 합니다.

　짝짓기 도중 암컷이 수컷을 잡아먹는 이유에는 몇 가지 가설이 있습니다. 어떤 과학자들은 수컷이 더 많은 사정을 하게 만들어 더 많은 알을 낳기 위해서라고 말합니다. 또 다른 의견은 번식기에는 암컷에게 많은 영양분이 필요한데, 그때 가장 가까운 먹잇감이 바로 수컷이기 때문이라는 것입니다. 하지만 이 모든 것은 아직 연구 중이어서 정확한 이유는 밝혀지지 않았습니다.

매미는 자기 울음소리가 시끄럽지 않을까?

날씨가 더워져 시원한 것이 당기기 시작하면 우리는 비로소 여름이 왔다는 것을 느끼게 됩니다. 그리고 한 가지 더. 시끄러운 그 녀석, 바로 매미의 소리를 듣는 것으로 여름을 실감하기도 합니다. 매미는 굉장히 시끄럽게, 끊임없이 울기 때문에 웬만한 소음 공해도 매미 앞에선 귀여운 수준입니다.

매미가 내는 소리의 크기는 80데시벨(dB) 정도 된다고 합니다. 이것은 지하철이 내는 소리와 비슷한 크기인데, 80데시벨에 지속적으로 노출될 경우 청력 장애가 발생할 수 있습니다. 매미는 보통 한 마리만 우는 것이 아니라 단체로 울기 때문에 우리가 체감하는 소리는 훨씬 더 클 것입니다. 그런데 이 소리가 시끄럽기는 매미도 마찬가지 아닐까요? 가장 가까이서 듣고 있는데도 자기 자신은 시끄럽지 않을까요?

우렁찬 매미 소리의 비밀

매미는 유충일 때는 땅속에서 지내다가 성충이 되면 땅 밖으로 나옵니다. 우리나라에 서식하는 매미는 땅속에서 7년 정도 지내다가, 땅 밖에서는 대략 4주 정도밖에 살지 못합니다. 미국에는 17년을 땅속에서 지내는 종도 있다고 합니다. 땅 밖에서의 생이 땅속에서의 생에 비해 굉장히 짧은 것이죠. 매미가 우는 이유는 짝짓기를 해 번식하기 위함입니다. 그런데 이들에게는 시간이 많지 않기 때문에 최선을 다해야 합니다. 그래서 최대한 크게, 우렁차게 울어대는 것이죠. 소리를 내는 매미는 수컷입니다. 암컷은 소리를 낼 수 없기 때문에 수컷이 내는 소리를 듣고 수컷의 위치를 파악합니다.

매미는 배로 소리를 냅니다. 매미의 배 양쪽 끝에는 얇고 단단한 진동막이 있는데, 진동막은 발음근이라는 근육과 연결되어 있습니다. 진동막 위에는 긴 막대 모양의 구조물이 여러 개 늘어서 있는데, 발음근이 수축과 이완을 반복하면 진동막에 있는 구조물이 구부러졌다 펴지며 소리를 냅니다. 이때 발음근은 1초에 300~400번 정도 움직인다고 합니다.

하지만 이렇게 만들어지는 소리는 그다지 크지 않습니다. 매미가 크게 울 수 있는 이유는 바로 매미의 뱃속이 텅 비어 있기 때문입니다. 진동하는 물체는 고유한 진동수를 가지고 있는데, 이를 고유 진동수라고 합니다. 고유 진동수와 같은 진동수가 공급되면 진폭이 커지는데, 이것을 '공명 현상'이라고 부릅니다. 소리도 진동의 한 형태이기 때문에 같은 진동수를 공급받으면 소리가 커지게 됩니다.

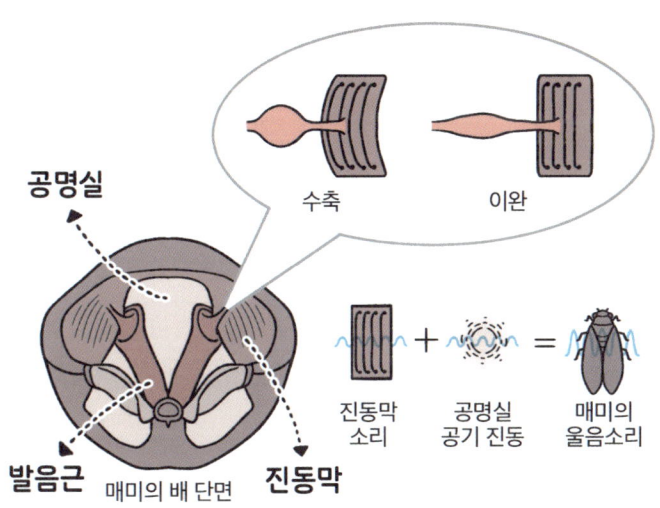

매미 울음소리의 원리

매미의 노이즈 캔슬링 능력

 매미의 텅 빈 배는 공명실이라고도 불립니다. 이 공간은 공기로 가득 차 있는데, 매미의 진동막이 소리를 만들어내면 그 소리는 공기를 진동시킵니다. 이때 공명 현상이 발생해, 진동막이 만든 소리와 진동하는 공기가 합쳐져 더 큰 소리를 만들어냅니다. 이 소리는 처음 만들어진 소리보다 약 20배 정도 더 크다고 합니다. 이렇게 증폭된 소리는 고막을 통해 밖으로 방출됩니다.

 매미의 고막은 소리를 듣는 것뿐만 아니라 내는 데에도 관여하고 있습니다. 그런데 소리를 내는 동안에는 소리를 만드는 데 집중하느라 고막으로 주변 소리를 잘 듣지 못합니다. 뿐만 아니라 고막 주변의 근육을 이용해 고막 자체를 접을 수 있기 때문에 들리는 소리를 최소화할 수 있다고 합니다. 그래서 매미는 아무리 큰 소리로 울어도 자신은 시끄럽다고 느끼지 못합니다. 이기적인 것처럼 보이기도 하지만, 4주밖에 살지 못하는 매미에게는 살아남기 위한 최적의 방식이라고 할 수 있습니다.

 매미는 종류에 따라 울음소리도 조금씩 다릅니다. "미얌미얌 미얌미얌 미~" 하고 우는 매미는 참매미, "끼이이이이이이이~" 하고 우는 매미는 말매미, "피오스 피오스 피오스 피오스~" 하고 우는 매미는 애매미입니다.

 매미의 울음에는 밝은 빛과 높은 온도가 중요한 역할을 합니다. 그래서 주로 낮에 우는데, 요즘에는 밤에도 우는 경우가 많아

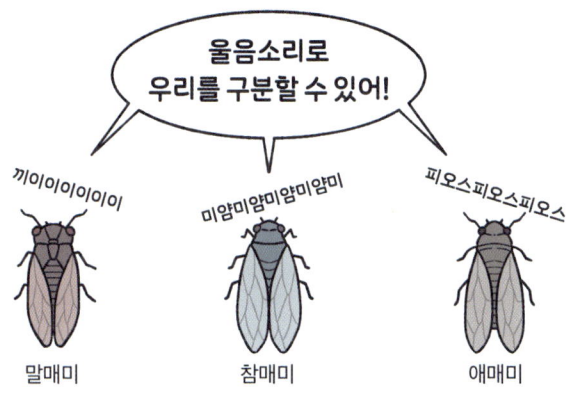

졌습니다. 가로등 같은 인공 조명과 열대야 때문에 매미가 밤을 낮으로 착각하기 때문이라고 합니다.

> **일단 알아두면 교양 있어 보이는 과학 용어**

- 고유 진동수: 어떤 물체가 외부 힘 없이 스스로 진동할 때 가지는 일정한 진동수
- 공명 현상: 외부에서 주기적으로 가해지는 힘의 진동수가 진동계 고유의 진동수에 가까워질 때 진폭이 급격하게 늘어나는 현상

인간보다 수학을 잘하는 동물이 있다고?

　더하기, 빼기, 곱하기, 나누기. 우리가 학교에서 배우는 수학의 가장 기본이 되는 계산 방법입니다. 이것을 '사칙연산'이라고 하죠. 사칙연산을 잘하기 위해선 숫자에 대해서 이해하고 있어야 합니다. 1은 2보다 작고 3은 2보다 크다는 것을 알아야 하죠.

　호주 로열멜버른공과대학교의 스칼렛 하워드는 꿀벌을 연구하는 생물학자입니다. 그녀는 원래 꿀벌을 무서워했지만, 꿀벌이 사람의 얼굴을 알아볼 수 있다는 이야기를 듣고 흥미가 생겨 꿀벌을 연구하기 시작했다고 합니다. 스칼렛 하워드가 꿀벌을 연구하면서 얻은 결과 중 가장 흥미로운 것은 꿀벌이 간단한 수학을 할 수 있다는 것입니다.

갈림길에 선 꿀벌의 놀라운 학습 능력

꿀벌은 색깔을 구분할 수 있습니다. 빨간색은 볼 수 없지만, 노란색, 녹색, 파란색은 잘 구분한다고 합니다. 스칼렛 하워드는 이것을 이용해 꿀벌에게 수학을 가르쳤습니다.

그녀는 Y자 모양의 통을 준비해 통의 입구에 파란색 도형을 그려 넣고, 갈림길의 한쪽에는 입구보다 하나 더 많은 파란색 도형을, 갈림길의 다른 쪽에는 입구보다 하나 더 적은 파란색 도형을 그려 넣었습니다. 그리고 입구에 꿀벌을 넣은 뒤 갈림길이 나오면 어느 쪽을 선택할지 지켜봤습니다.

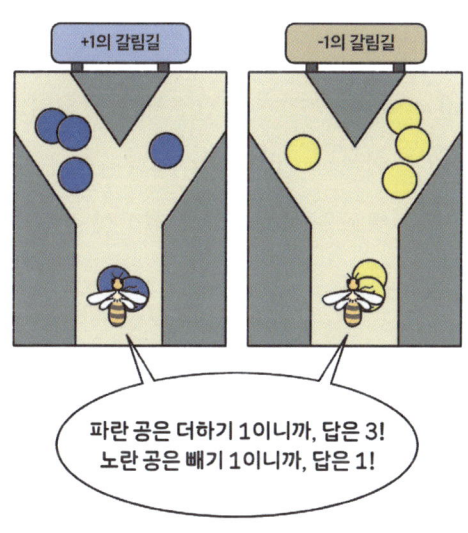

꿀벌의 덧셈과 뺄셈 훈련

이때 입구에 있는 파란색 도형은 인간의 언어로 하면 '더하기 1을 하시오'라는 뜻입니다. 즉 정답을 맞히려면 입구보다 하나 더 많은 파란색 도형이 있는 길을 선택해야 되는 것이었죠. 만약 꿀벌이 정답을 맞히면 달콤한 설탕물을 보상으로 주었고, 틀리면 퀴닌 성분이 함유된 쓴 액체를 벌로 주었습니다. 스칼렛 하워드는 이런 식으로 꿀벌에게 덧셈을 가르쳤습니다.

또 입구에 노란색 도형이 그려진 통을 준비하고, 역시 갈림길의 한쪽에는 입구보다 하나 더 많은 노란색 도형을, 갈림길의 다른 쪽에는 입구보다 하나 더 적은 노란색 도형을 그려 넣었습니다. 입구의 노란색 도형은 인간의 언어로 '빼기 1을 하시오'라는 뜻입니다. 이번에도 보상과 벌을 주며 뺄셈을 가르쳤습니다.

그녀는 혹시 꿀벌이 위치를 기억하는 것은 아닐까 해서 정답의 위치를 바꾸며 지속적으로 덧셈과 뺄셈을 가르쳤습니다. 그리고 교육시킨 꿀벌들을 모아 중간고사를 봤습니다. 이때는 보상과 벌을 주지 않았는데, 정답률이 70퍼센트나 되었다고 합니다. 꿀벌이 덧셈과 뺄셈을 이해한다고 해석할 수 있겠죠.

부등호와 0의 개념을 이해하는 유일한 곤충

스칼렛 하워드는 '보다 작다'라는 수학 개념을 꿀벌에게 가르쳤습니다. 흰색 종이에 검은색 원을 그려 넣었는데 원의 숫자는

꿀벌의 '보다 작다'와 숫자 0 학습

제각각 달랐습니다. 그녀는 두 개의 종이를 펼쳐놓고 보상과 벌을 주며 원이 더 적게 그려진 종이를 선택하도록 했습니다.

이번에도 역시 교육시킨 꿀벌을 모아 기말고사를 봤습니다. 이때는 심화 문제로, 아무것도 그려지지 않은 종이를 추가했다고 합니다. 꿀벌이 1보다 더 작은 수인 0을 이해할 수 있는지 알아보기 위함이었죠. 시험 결과는 굉장히 놀라웠습니다. 하나의 검은색 원이 그려진 종이가 아닌, 아무것도 그려지지 않은 종이를 선택한 꿀벌이 60퍼센트나 되었기 때문이죠. 꿀벌이 0을 이해할 수 있다는 의미였습니다.

스칼렛 하워드는 '보다 많다'도 가르쳤습니다. 이때는 아무것도 그려지지 않은 종이가 아닌 검은색 원이 그려진 종이를 고른 꿀벌이 74퍼센트 정도 되었다고 합니다. 물론 이것은 낮은 수준의 사칙연산이기 때문에 꿀벌이 수학을 할 수 있다고 말하는 것은 다소 과장된 이야기일 수 있습니다.

인간이 높은 지능을 가진 것은 뇌에 뉴런이라는 신경세포가 많이 있기 때문입니다. 인간은 약 1,000억 개의 뉴런을 가진 데 비해, 꿀벌의 뉴런은 100만 개 정도라고 합니다. 즉 우리에게는 낮은 수준이지만 꿀벌에게는 이 정도의 수학도 굉장히 높은 수준이라는 것입니다.

꿀벌은 이런 수학 능력을 이용해 더 많은 꽃이 있는 꽃밭을 찾거나, 꽃잎의 개수로 꽃의 종류를 구분하기도 합니다. 스칼렛 하워드의 연구는 단순히 꿀벌의 수학 능력을 발견하는 데 그치지 않고, 어떻게 하면 적은 뉴런으로도 정교한 작업이 가능할지, 더 나아가 어떻게 하면 적은 에너지로도 컴퓨터를 작동시킬 수 있을지에 대한 연구에 적용할 수 있다고 합니다.

> **일단 알아두면 교양 있어 보이는 과학 용어**
>
> ♦ **뉴런**: 신경계통의 구조적·기능적 단위로, 몸과 뇌 사이에서 정보를 주고받는 신경세포이다. 감각, 생각, 운동 등 모든 신경 활동은 뉴런들이 전기 신호를 주고받으며 이루어진다.

초파리는 어디서 계속 생겨나는 걸까?

여름은 벌레들이 왕성하게 활동해서 불쾌감이 더욱 올라가는 계절입니다. 하지만 수박, 복숭아, 참외, 포도, 자두, 토마토 등 여러 가지 제철 과일을 맛볼 수 있어서 기다려지는 계절이기도 하죠. 여름 과일에는 껍질째 먹는 것들도 있고 껍질을 벗겨 먹는 것들도 있습니다. 껍질을 벗겨 먹는 과일의 경우 다 먹은 뒤 빨리 처리하지 않으면 벌레가 쉽게 꼬입니다.

그런데 참 신기하게도 과일이나 과일 껍질을 밖에 놔두면 얼마 지나지 않아 조그마한 벌레들이 잔뜩 생기는 것을 확인할 수 있습니다. 마치 과일에서 창조되는 것처럼 느껴지기도 하죠. 이 벌레들은 왜 생기는 것이며, 어디에서 오는 것일까요?

웬만해선 초파리를 막을 수 없는 이유

과일을 상온에 놔둘 때 생기는 이 벌레는 초파리입니다. 초파리는 당과 산이 있는 음식물을 좋아해서 과일뿐만 아니라 음식물 쓰레기, 특히 살짝 상하려고 하는 음식을 가장 좋아합니다. 바나나는 상온에서 보관하기 때문에 초파리가 많이 생기는 과일 중 하나이죠.

초파리는 종류가 다양해서 북극과 사막에도 서식합니다. 후각이 아주 뛰어난 덕분에 1킬로미터 밖의 음식 냄새도 맡을 수 있습니다. 새콤달콤한 냄새를 좋아하며 통에 들어 있는 음식의 냄새도 맡을 수 있을 정도로 후각이 발달되어 있죠. 그래서 과일이나 음식물 쓰레기를 오랫동안 방치하는 것은 초파리에게 최고의 만찬을 차려주는 것과 같습니다.

우리 주변에서 쉽게 볼 수 있는 것은 노랑초파리 Drosophila melanogaster입니다. 3월부터 11월까지 활발히 활동하지만, 집 안은 겨울에도 따뜻하기 때문에 1년 내내 활동한다고 해도 과언이 아닙니다. 암컷 초파리는 한 번에 100개가 넘는 알을 낳을 수 있습니다. 게다가 알에서 어른 초파리가 되기까지 12일 정도밖에 걸리지 않아서, 한번 집 안에 초파리가 생기면 없애기가 정말 쉽지 않죠.

초파리는 후각이 발달한 데다 어른이 되어도 크기가 2~5밀리미터밖에 되지 않아, 아주 작은 틈만 있어도 집 안으로 들어

올 수 있습니다. 그래서 과일을 상온에 보관하거나 음식물 쓰레기를 며칠 동안 방치해두면 초파리가 마법처럼 등장하는 광경을 보게 되는 것이죠.

초파리의 애벌레는 원래 나무의 수액이나 줄기, 잎을 먹고 자랍니다. 그래서 암컷 초파리는 과일의 꼭지 부분에 알을 낳습니다. 이 알은 아주 작아 눈으로는 거의 보이지 않기 때문에, 우리는 과일을 살 때 초파리의 알이나 애벌레를 함께 구매하게 됩니다. 그렇게 집으로 들여온 과일을 통해 초파리가 번식하는 것은 막을 수 없는 일이 되는 것이죠.

초파리는 사람의 입이나 코로 들어가기도 하고, 음식물에 달라붙어 위생에 좋지 않은 벌레입니다. 하지만 유전학에서만큼은 아주 중요한 표본입니다. 초파리는 세대교체가 빠르고 유전자 구조가 단순해서 돌연변이를 관찰하거나 유전형질을 연구하는 데 적합합니다. 그 덕분에 100년 넘게 유전학 연구에 사용되어왔습니다. 우리에게는 성가신 존재이지만, 한편으로는 중요한 정보를 전달하는 아이러니한 벌레가 아닐 수 없습니다.

일단 알아두면 교양 있어 보이는 과학 용어

◆ **유전형질**: 생식세포 가운데 어버이의 형질을 자손에게 전하는 물질

나방을 만지고 눈을 비비면 진짜 실명될까?

　나비와 나방은 비슷한 이름을 가지고 있지만 다른 특징을 가지고 있습니다. 낮에 활동하는 나비와 달리 나방은 주로 밤에 활동합니다. 생김새가 다소 거부감을 주기도 하고, 불빛을 보면 달려들어 귀찮게 하거나 창문에 달라붙어 놀라게 하기도 해서 나비에 비해 부정적인 이미지로 여겨지곤 합니다. 게다가 이상한 가루를 잔뜩 뿌리고 다니는 것처럼 보이기도 합니다. 그래서 나방을 만지고 눈을 비비면 실명된다는 이야기가 돌기도 하죠. 그런데 정말로 나방을 만진 뒤 눈을 비비면 실명될까요?

나방의 날개에 관한 오해와 진실

 나방을 만졌을 때 묻어나오는 가루는 나방의 날개에 있는 것으로, '인분' 혹은 '인편'이라고 불립니다. 나방 중 일부 종은 독을 가졌지만, 대부분의 나방은 독이 없습니다. 그래서 결론부터 말하면 나방의 가루 때문에 실명될 일은 없습니다. 하지만 그렇다고 해서 아무 문제도 생기지 않는 것은 아닙니다. 이물질이 눈에 들어가면 자극을 줄 수 있고, 사람에 따라 알레르기 반응이 나타나거나 결막염 같은 눈병이 생길 수 있습니다.

 인편은 우리가 보기에는 가루처럼 보이지만, 사실 가루가 아니라 비늘입니다. 그래서 인편이 묻은 손으로 눈을 비비면 눈 점막에 상처가 생길 수 있습니다. 나방의 날개를 확대해보면 인편

현미경으로 본 나방의 날개

이 촘촘하게 박혀 있는 것을 확인할 수 있습니다. 인편은 나방의 색과 무늬를 주변 환경과 비슷하게 만들어, 다른 동물의 눈에 띄지 않도록 도와줍니다.

 날개가 있는 다른 곤충들은 비가 오면 숨어 있는 경우가 많습니다. 하지만 나방의 인편에는 기름 성분이 있어서 날개가 쉽게 물에 젖지 않습니다. 또한 날개의 구조가 물을 흡수하는 대신 우산처럼 물을 튕겨내기 때문에, 비가 오는 날에도 자유롭게 날아다닐 수 있습니다. 나방이 날아다니다 보면 나뭇가지 같은 장애물에 부딪힐 수도 있는데, 여러 겹으로 촘촘하게 박혀 있는 인편이 충격을 흡수해 나방의 몸을 보호하는 역할을 합니다.

 이렇게 많은 역할을 하는 인편은 나방뿐만 아니라 나비도 가지고 있습니다. 물론 나비의 인편 수는 나방에 비해 적지만, 나비를 만져도 가루가 묻어나올 수 있다는 것이죠. 그런데 나비를 만지고 눈을 비비면 실명한다는 이야기는 거의 없습니다. 이를 보면 나방과 실명에 관한 이야기는 나방에 대한 부정적인 이미지가 과장되어 만들어진 소문이 아닌가 생각됩니다.

일단 알아두면 교양 있어 보이는 과학 용어

- **비늘:** 물고기나 뱀 따위의 표피를 덮고 있는 얇고 단단하게 생긴 작은 조각
- **알레르기:** 처음에 어떤 물질이 몸속에 들어갔을 때 그것에 반응하는 항체가 생긴 뒤, 다시 같은 물질이 생체에 들어가면 그 물질과 항체가 반응하는 일. 천식, 코염, 피부 발진 따위의 병적 증상이 일어난다.

PART 06

동물의 일상에서 발견한 놀라운 과학 상식

조개는 어떻게 진주를 만들어내는 걸까?

 여러 가지 광물 중에서 미적 가치가 높은 것을 보석이라고 부릅니다. 지구에는 3,000~3,500종 이상의 광물이 존재하며, 이 중 약 200종 이상이 보석으로 분류됩니다. 물론 많은 보석 중에는 광물이 아닌 것도 있습니다. 진주, 산호, 호박, 상아, 제트가 여기에 속하죠. 이 중 진주는 조개가 만들어내는 보석인데, 조개는 어떻게 이처럼 귀한 보석을 만들어내는 것일까요?

 조개는 천적들로부터 자신을 보호하기 위해 단단한 껍데기에 들어가 있는 형태로 진화했지만, 안타깝게도 천적들 역시 진화하면서 조개의 껍데기 따위는 큰 장애물이 되지 못했습니다. 조개는 껍데기에 숨어 물속에서 생활하는데, 바다는 물론 강에도

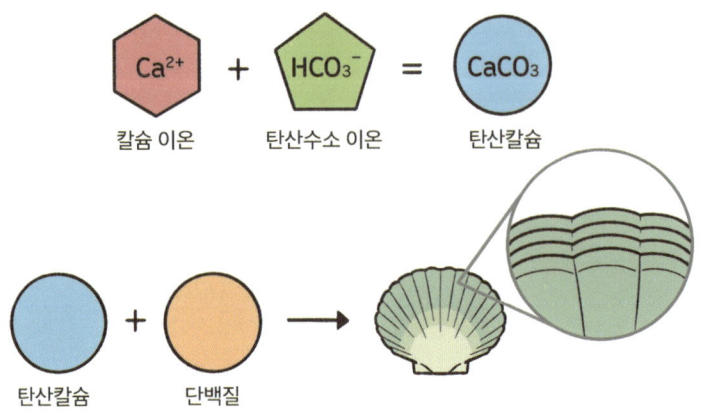

조개껍데기 생성 과정

존재합니다. 이들은 물속의 미생물을 잡아먹고 자라며 껍데기 역시 스스로 만들어냅니다.

조개는 바닷물에 녹아 있는 칼슘 이온과 탄산수소 이온을 흡수해 탄산칼슘을 만들어내고, 단백질을 분비해 탄산칼슘과 합쳐 껍데기를 만들어나갑니다. 이런 과정은 한 번만 일어나는 것이 아니라 성장하면서 계속 이뤄집니다. 탄산칼슘을 만들어내고 단백질을 분비해 자신의 껍데기를 더 견고하고 단단하게 다듬어갑니다.

나무를 자르면 보이는 나이테로 나무의 나이를 추측할 수 있듯이, 조개 껍데기 역시 현미경으로 관찰하면 나이테처럼 성장의 흔적을 볼 수 있어 조개의 나이를 추측할 수 있습니다.

진주가 만들어지는 원리

조개가 진주를 만들어내는 과정도 이것과 비슷합니다. 조개는 우리가 보기에 단순한 하나의 덩어리인 것 같지만, 나름 여러 가지를 갖추고 있습니다. 입이 있긴 하지만 입으로 직접 먹이를 먹

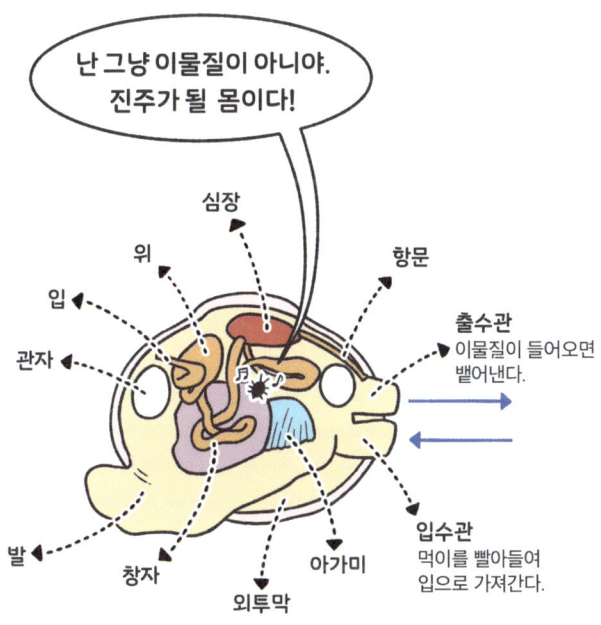

조개의 내부 구조

지 않고, 입수관을 이용해 물을 빨아들인 뒤 먹이를 모아 입으로 가져갑니다. 물을 빨아들일 때 모래가 함께 들어오거나 먹이가 아닌 이물질이 들어오기도 하는데, 이것은 입수관 옆에 있는 출수관을 통해 밖으로 뱉어냅니다.

그런데 이런 이물질이 출수관으로 배출되지 못하거나 기생충에 의해 공격을 받으면, 자신의 몸을 보호하기 위해 껍질을 만들 때 사용하던 탄산칼슘으로 이물질을 감싸기 시작합니다. 이 작업은 한 겹 한 겹 아주 천천히, 자신에게 더 이상 위협이 되지 않는다고 판단될 때까지 진행됩니다. 이런 과정이 반복되면 이물질은 점점 커지고 둥근 모양으로 바뀌게 됩니다. 바로 이것을 우리는 진주라고 부릅니다. 즉 진주는 조개에 이물질이 들어와 자극을 가하고 목숨을 위협할 때 만들어지는 것이죠.

진주를 만들어내는 조개는 진주조개로 알려져 있지만, 다른 조개에서도 진주가 만들어지긴 합니다. 하지만 확률이 아주 낮고 예쁜 모양으로 나오지 않아 진주조개에서 만들어지는 진주보다 가치가 많이 떨어집니다.

조개에 자극을 가하는 것으로 진주를 만들 수 있기 때문에, 일부러 기생충을 풀어 양식하는 경우도 있습니다. 하지만 이것 역시 천연으로 만들어진 진주에 비해 가치는 떨어집니다.

진주가 만들어지는 원리는 사람으로 보면 눈에 들어온 이물질이 눈물과 합쳐져 눈곱이 만들어지는 것이나, 코에 들어온 이물질이 콧물과 합쳐져 코딱지가 만들어지는 것과 같다고 볼 수 있습니다. 조개에게 아무짝에도 쓸모없는 진주가 인간에겐 높은 가치를 지닌 상품인 것처럼, 우리의 눈곱이나 코딱지도 언젠가 가치 있는 상품이 될지도 모르겠습니다.

> **일단 알아두면 교양 있어 보이는 과학 용어**
>
> ◆ 광물: 천연으로 나며 질이 고르고 화학적 조성이 일정한 물질. 대부분 결정체 상태의 무기질이나 석탄 같은 유기질도 있으며, 상온에서 고체이지만 수은이나 가스처럼 액체나 기체인 것도 있다.

스컹크의 방귀 냄새는 얼마나 지독할까?

'냄새가 가장 지독한 동물' 하면 단연 스컹크가 떠오릅니다. 스컹크는 위기 상황이 닥치면 지독한 '방귀'를 뀌어 상대를 정신 못 차리게 만드는 것으로 유명하죠. 우리나라에서는 스컹크를 볼 수 없어서 그 냄새가 얼마나 심한지 실감하기 어렵지만, 내셔널지오그래픽은 스컹크를 세상에서 가장 악취 나는 동물 1위로 기록하기도 했습니다. 스컹크의 방귀 냄새는 도대체 얼마나 지독한 것일까요?

아메리카에 주로 서식하는 스컹크는 여러 가지 종이 있지만 대부분이 흰색과 검은색의 털을 가졌습니다. 보호색으로 자기 몸을 지키는 다른 동물들과 달리 스컹크는 쉽게 눈에 띄는데, 이

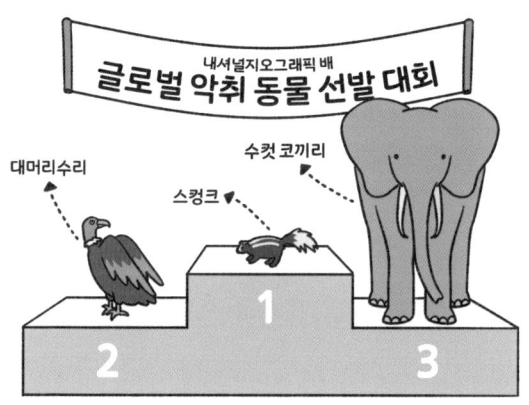

것은 다 믿는 구석이 있기 때문입니다.

우리는 스컹크가 위협을 느끼면 지독한 '방귀'를 뀌는 것으로 알고 있습니다. 하지만 사실 스컹크는 곧바로 냄새 공격을 하지 않습니다. 먼저 털을 부풀려 몸집을 커 보이게 만들고, 상대를 위협하는 행동을 취합니다. 그래도 위협이 사라지지 않으면 꼬리를 들고 항문을 적을 향해 겨눕니다. 이것이 바로 스컹크가 보내는 마지막 경고입니다.

스컹크를 만나면 방독면부터 써야 하는 이유

스컹크의 항문 근처에는 '향선'이라고 불리는 특별한 샘이 있습니다. 향선은 지독한 냄새를 풍기는 노란 액체를 저장하고 있는데, 위협을 느끼면 스컹크는 근육을 수축시켜 이 액체를 적에게 발사합니다. 이것이 바로 우리가 흔히 '방귀'라고 오해하는 스컹크의 무기이죠.

이 액체에는 '티올'이라는 물질이 들어 있는데, 티올에서는 강한 마늘 향이 납니다. 티올이 포함된 스컹크의 분사액에서는 마늘 썩은 냄새, 한 달 정도 지난 음식물 쓰레기 냄새, 타이어가 타는 냄새 등과 비슷한 냄새가 난다고 합니다. 직접 냄새를 맡아본 사람들은 '역겹다' '썩었다' '지옥의 냄새다' '눈물이 나고 구토가 나온다' '어지럽고 방향 감각을 잃어버릴 것 같다'고 표현했습니다.

스컹크는 3미터 정도 떨어진 상대에게도 정확히 액체를 발사할 수 있으며, 이 냄새는 1킬로미터 밖에서도 맡을 수 있을 정도로 지독합니다. 그 덕분에 아메리카에 서식하는 늑대나 여우 같은 포식자들도 스컹크를 좀처럼 공격하지 않고, 호기심에 다가간 곰조차 냄새를 맡고 깜짝 놀라 도망갈 정도입니다. 한번 몸에 묻으면 냄새가 쉽게 사라지지 않기 때문에, 미국의 한 교회에서 스컹크의 냄새 탓에 한 달 동안 예배를 중단한 사례도 있습니다.

스컹크의 분사액은 냄새만 지독한 게 아닙니다. 이 액체가 눈에 닿으면 일시적으로 시력을 잃을 수 있고, 코 점막에 닿으면 타는 듯한 고통을 느낄 수 있다고 합니다. 이렇게 강력한 냄새를 내뿜으면 스컹크 자신도 괴롭지 않을까 싶지만, 스컹크는 이 냄새에 익숙해져 별다른 영향을 받지 않는다고 합니다.

스컹크는 이 액체를 한 번 충전하면 다섯 번 정도 분사할 수

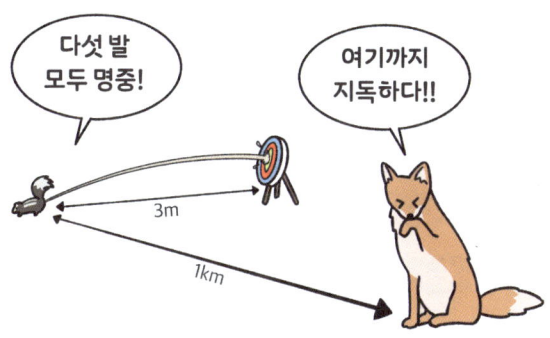

있는데, 다시 충전하는 데까지 열흘 정도 걸리기 때문에 신중하게 사용한다고 합니다.

방울뱀의 꼬리에는 대체 뭐가 들었을까?

북아메리카에 주로 서식하는 방울뱀은 치명적인 독을 가진 것으로 유명합니다. 조직을 파괴하고 피의 응고를 방해해 목숨을 위협하죠. 종류에 따라 다르지만, 일부 방울뱀의 독은 사람을 마비시키기도 합니다. 이름에서 알 수 있듯 방울뱀은 꼬리 끝에 방울 같은 구조물이 있어, 꼬리를 흔들면 특유의 소리가 납니다.

사실 방울뱀이 내는 소리를 방울 소리라고 하기엔 조금 애매합니다. 흔히 방울 소리라고 하면 '딸랑딸랑' 하는 소리를 떠올리지만, 방울뱀의 소리는 그렇지 않거든요. 영어로는 방울뱀을 래틀스네이크Rattlesnake라고 부르는데, 여기서 래틀Rattle은 '달가닥거리다'라는 뜻을 가지고 있습니다.

방울뱀이 꼬리를 흔들어 소리를 내는 이유에 대해서는 여러 해석이 있습니다. 시끄러운 소리로 천적을 쫓기 위한 행동이라는 해석도 있고, 들소 같은 큰 동물들에게 자신의 위치를 알려 밟히지 않으려는 의도라는 해석도 있습니다.

아메리카에 주로 서식하는 들소는 키가 약 150센티미터, 몸무게는 1,350킬로그램에 달합니다. 이처럼 거대한 몸집을 가진 들소의 눈에는 땅을 기어다니는 방울뱀이 잘 보이지 않겠죠. 그래서 실제로 들소에게 밟혀 죽는 방울뱀이 많다고 합니다. 이것을 방지하기 위해 방울뱀이 특유의 소리를 내어 자신의 위치를 알린다는 것이죠.

탈피로 생기는 방울 구조

뱀은 성장하면서 몸을 감싸고 있는 각질인 허물을 벗습니다. 이런 과정을 탈피라고 하죠. 방울뱀도 탈피를 하는데, 이때 허물이 완전히 벗겨지지 않고 꼬리 끝에 일부가 남아 굳어지게 됩니다. 이렇게 굳은 각질이 켜켜이 쌓이며 만들어지는 것이 바로 방울뱀의 방울 구조입니다. 이 구조는 뱀이 탈피를 할 때마다 하나씩 늘어납니다. 아직 탈피를 하지 않은 새끼 방울뱀은 꼬리 끝에 이 방울 구조가 없기 때문에 소리를 낼 수 없습니다.

허물은 우리의 손톱과 같은 성분인 케라틴으로 이루어져 있습니다. 방울뱀의 꼬리 끝에 있는 방울도 마찬가지로 케라틴으로 되어 있죠. 놀랍게도 이 안에는 아무것도 들어 있지 않습니다. 그럼에도 소리가 나는 이유는, 방울 구조가 여러 개의 고리처럼 생긴 조각들로 구성되어 있고, 이 고리들 사이에 약간의 틈이 있기 때문입니다. 그래서 방울뱀이 꼬리를 빠르게 흔들면, 이 고리들이 서로 부딪히며 달가닥거리는 특유의 소리가 나는 것입니다. 또한 텅 빈 구조 덕분에 공명 현상이 일어나 소리가 더욱 증폭되는데, 이 소리는 무려 150미터 밖에서도 들린다고 합니다.

또 방울뱀의 꼬리 쪽에는 섀이커Shaker라는 근육이 있는데, 이 근육 덕분에 꼬리를 빠르게 흔들 수 있습니다. 방울뱀은 방울 구조를 1초에 약 50회 진동시킬 수 있고, 이 진동으로 고리들이 서로 부딪히며 딸각딸각 소리를 내는 것입니다.

꼬리를 치켜든 방울뱀의 모습

일단 알아두면 교양 있어 보이는 과학 용어

- 케라틴: 동물의 표피, 모발, 손톱, 발톱, 뿔, 발굽, 깃털 등의 주성분인 경질 단백질

물고기 떼는 왜 서로 부딪히지 않을까?

 길을 가다 마주 오는 사람과 어깨가 부딪히면 우리는 흔히 '어깨빵'을 당했다고 표현합니다. 좁은 길에선 의도하지 않아도 서로 부딪힐 수밖에 없고, 사람이 많으면 부딪혀서 넘어지거나 다치는 일이 발생하기도 합니다. 깊은 바닷속에는 몇백 마리씩 무리 지어 다니는 물고기들이 있습니다. 이렇게 움직이다 보면 서로 부딪힐 수도 있을 것 같은데, 이 물고기들은 어떻게 서로 부딪히지 않는 걸까요?
 물고기는 두 개의 눈으로 앞을 보지만 시력은 그리 좋지 않습니다. 물고기 중에서 시력이 좋은 것으로 알려진 청새치의 시력은 0.5 정도이고, 농어의 시력은 0.1 정도밖에 안 됩니다. 그래서 물고기들은 가까운 곳은 볼 수 있지만 먼 곳은 잘 보지 못합니다. 특히나 바다 깊은 곳으로 가면 빛이 들어오지 않아서 앞이 더욱 보이지 않죠. 그래서 심해어들은 시력이 거의 없는 수준이라고 합니다.

물고기의 몸통에 늘어선 제2의 눈

 물고기의 몸 측면에는 점선 같은 것이 있는데 이것을 '측선' 혹은 '옆줄'이라고 합니다. 옆줄은 머리 부분부터 꼬리 부분까지 연결되어 있으며, 몸통 양쪽에 하나씩 있어 총 두 개입니다. 옆줄은 물고기의 감각기관 중 하나로 물의 온도와 흐름, 진동, 그리고 유속을 감지하는 역할을 합니다.
 젤리 같은 물질이 옆줄을 감싸고 있는데, 이곳에 감각세포와 지지세포가 있습니다. 만약 무언가가 물고기 근처로 다가오면 그 무언가가 물고기에 다다르기 전에 물의 진동이 물고기에게 먼저 닿게 됩니다. 진동이 젤리에 전달되면 감각세포가 이것을 감지하고, 지지세포는 감지한 신호를 뇌로 보냅니다. 그럼 물고기는 물의 흐름이 바뀌었다는 것을 알고 그 무언가와 부딪히지 않게 방향을 바꾸거나 헤엄 속도를 조절합니다. 이런 기능 덕분에 떼로 몰려 다녀도 서로 부딪힐 일이 없습니다.
 물고기는 옆줄 덕분에 서로 속도를 맞추고 일정한 거리를 유

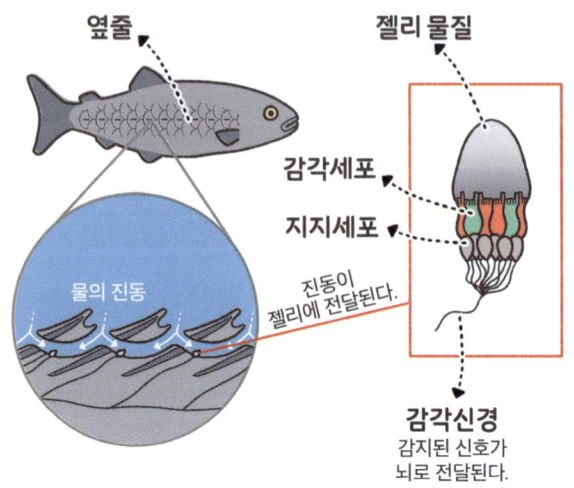

물고기가 감각을 느끼는 과정

지하는 것이 가능합니다. 또한 바위에 부딪히지 않을 수 있고, 포식자가 나타났을 때 빠르게 알아차리고 도망갈 수도 있죠. 1976년에 덮개로 눈을 가린 물고기와 옆줄을 제거한 물고기를 무리에서 떨어트려놓는 실험을 진행했습니다. 그 결과 눈을 가린 물고기는 앞이 안 보여도 무리에 잘 합류했지만, 옆줄이 제거된 물고기는 무리에 합류하지 못했습니다. 즉 옆줄은 물고기에게 있어 눈보다 더 중요한 감각기관인 것입니다.

실제 물고기의 옆줄 모습

일단 알아두면 교양 있어 보이는 과학 용어

* 감각기관: 동물의 몸에서 외부의 감각을 받아들여 뇌에 전달하는 기관. 후각·미각·촉각·시각·평형청각기관 따위가 있다.

거미도 자기 거미줄에 걸릴까?

길을 걷다 보면 건물 벽의 사각지대나 나뭇가지 사이에 만들어진 거미줄을 종종 볼 수 있습니다. 다른 벌레들이 그 주변을 지나다가 거미줄에 걸리면, 끈적한 성질 때문에 쉽게 빠져나오지 못하고 결국 거미의 먹이가 되죠. 사람도 거미줄에 몸이나 옷이 닿으면 끈적임 때문에 떼어내느라 꽤 애를 먹는 것을 보면, 거미줄이 얼마나 끈적한지, 벌레 입장에서 그곳을 벗어나는 일이 얼마나 어려운지 짐작할 수 있습니다. 그런데 거미는 그런 거미줄 위를 아무렇지도 않게 자유롭게 이동합니다. 거미는 어떻게 자기 거미줄에 걸리지 않고 잘 다닐 수 있는 걸까요? 혹시 실수로 자기 거미줄에 걸리는 경우가 있을까요?

거미는 흔히 곤충으로 오해받지만, 사실 곤충이 아닙니다. 곤충은 보통 머리, 가슴, 배의 세 부분으로 나뉘고 다리가 6개지만, 거미는 머리와 가슴이 합쳐진 '머리가슴'과 배, 이렇게 두 부분으로 이루어져 있으며 8개의 다리를 가지고 있기 때문입니다. 거미의 항문 근처에는 '방적돌기'라는 구조가 있는데, 이곳을 통해 거미줄을 만들어냅니다. 거미의 몸속에 액체 상태로 저장되어 있던 단백질이 방적돌기를 통해 바깥으로 나오면, 공기와 접촉하면서 굳어져 신축성이 좋은 거미줄이 됩니다.

이렇게 만들어지는 거미줄에는 두 종류가 있습니다. 하나는 거미집의 기초가 되는 '방사실'로, 중심에서 바깥으로 뻗어나가는 구조입니다. 이 실은 끈적이지 않아 거미가 쉽게 이동할 수 있습니다. 다른 하나는 '나선실'입니다. 방사실 사이를 빙글빙글 돌며 촘촘하게 연결하는 실로, 여기에는 단백질 성분의 끈적한 액체가 발라져 있어서 벌레가 이곳에 걸리면 쉽게 빠져나올 수 없습니다.

거미가 나선실 위를 걷는 법

과거에는 거미가 거미줄에 걸리지 않는 이유가, 나선실을 피해 걸어 다니기 때문이라고 생각했습니다. 하지만 이후 관찰해 본 결과, 거미가 집을 짓는 동안 나선실을 계속 밟는다는 사실이 확인되었습니다. 한때는 거미의 입에서 끈적임을 방지하는 기름이 분비되고, 거미가 이 기름을 다리에 발라 나선실을 자유롭게 걸을 수 있다는 주장도 있었지만, 이것 역시 과학적으로 사실이 아닌 것으로 밝혀졌습니다.

　자기가 지은 집이기 때문에, 거미는 거미줄의 어느 부분에서 조심해야 하는지 잘 알고 있습니다. 거미의 발끝에는 발톱이 있는데, 끈적이는 나선실을 이동할 때는 이 발톱을 이용해 조심스럽게 걷는다고 합니다. 발 전체를 대지 않고 발끝으로만 움직여 접촉 면적을 최소화함으로써 거미줄에 걸리지 않고 이동하는 것이죠. 하지만 아무리 조심해도 실수는 있을 수 있습니다. 실제로

거미줄의 구조

거미가 자신의 거미줄에 걸리는 경우도 드물게 발생한다고 합니다. 이럴 때 거미는 당황하지 않고, 입이나 다른 발을 이용해 끈적한 실을 끊어내며 천천히 빠져나온다고 합니다.

거미는 집에서 거의 움직이지 않고 가만히 있습니다. 집을 짓는 데 많은 에너지를 소모했기 때문에 휴식을 취하는 것이기도 하지만, 거미가 움직이면 거미줄 전체가 흔들려 주변을 지나던 벌레들이 위험을 감지하고 피할 수 있기 때문입니다. 그래서 최대한 움직이지 않고 조용히 숨어 있다가, 먹잇감이 걸리면 재빠르게 낚아채는 것이죠.

일단 알아두면 교양 있어 보이는 과학 용어

- **방적돌기**: 거미의 배 밑면 끝에 있는 사마귀 모양의 세 쌍의 돌기로, 끝에 200~400개의 구멍이 나 있다.

똥을 먹으면
생존에 유리하다고?

 인간은 불을 사용해 여러 가지 맛있는 음식을 해 먹을 수 있습니다. 동물은 요리를 할 수 없기 때문에 풀이나 과일, 곡식을 먹거나 다른 동물을 잡아먹죠. 그런데 이렇게 맛있는 음식을 놔두고 보기에도 맛없고, 음식이라고 하기엔 낯설고 더럽게 느껴지는 '똥'을 맛있게 먹는 동물이 있습니다. 이렇게 자기 똥이나 다른 동물의 똥을 먹는 행위를 식분증(食糞症)이라고 합니다.
 인간은 똥을 아주 더럽게 여기기 때문에 먹기는커녕 가까이 가는 것조차 꺼립니다. 하지만 동물은 똥을 마냥 더러운 것으로만 인식하지는 않습니다. 건강한 동물이 싼 똥은 물과 흡수되지 못한 음식물, 영양분 그리고 박테리아 등으로 이루어져 있습니다. 즉 일부 동물에게는 다른 동물이 싼 똥이 훌륭한 음식이 되는 것이죠.

똥을 먹는 여러 동물들

육식동물은 초식동물의 똥을 좋아합니다. 그래서 야생에 널브러져 있는 초식동물의 똥을 맛있게 먹곤 합니다. 심지어 초식동물을 사냥하면 살코기보다 장 속에 남은 똥을 먼저 먹는 경우도 있습니다. 사자는 초식동물의 똥 위에서 뒹구는 경우도 있는데, 이는 사냥하기 전 자신의 체취를 감추기 위한 행동이라고 알려져 있습니다.

우리 주변에서 쉽게 볼 수 있는 개 역시 똥을 먹곤 합니다. 어미 개는 새끼가 태어나면 새끼가 싼 똥을 먹어치우는데, 이는 천적으로부터 새끼를 보호하려는 본능적인 행동입니다. 강아지는 단순한 호기심도 있지만, 이런 어미의 모습을 보고 그대로 따라 해 똥을 먹게 되는 경우도 있다고 합니다.

토끼는 자신의 똥을 먹는 것으로 유명합니다. 토끼가 주로 먹는 풀에는 섬유질이 많지만, 안타깝게도 소화 과정에서 이 섬유질을 충분히 흡수하지 못합니다. 흡수되지 않은 영양분은 똥으로 다시 배출되는데, 이때 나온 똥은 끈적한 점액으로 싸여 있습니다. 이 똥에는 섬유질뿐만 아니라 단백질과 비타민 같은 영양분도 풍부합니다. 토끼는 이 똥을 다시 먹어 흡수하지 못했던 영양분을 마저 흡수합니다. 실제로 토끼가 싼 똥을 먹지 못하게 하는 실험을 진행했더니, 똥을 먹은 토끼에 비해 성장 속도가 현저히 떨어지는 것으로 나타났습니다.

어미 코알라는 새끼 코알라에게 자신의 똥을 먹입니다. 코알라는 유칼립투스 나뭇잎만 먹는 동물인데, 유칼립투스 잎에는 독성이 있습니다. 새끼 코알라는 아직 이 독성을 해독할 수 없기 때문에, 어미가 먼저 잎을 먹고 어느 정도 소화시킨 뒤 팹Pap이라는 반고형 배설물을 새끼에게 먹입니다. 팹에는 여러 가지 영양분과 함께 유칼립투스 잎을 소화할 수 있게 도와주는 미생물이 들어 있어서, 이후 새끼 코알라가 스스로 유칼립투스 잎을 소화시키는 데 도움을 줍니다.

코알라는 어미의 똥을 먹어야 유칼립투스 잎의 독을 소화시킬 수 있다.

이렇듯 인간에게 똥은 그저 더러운 배출물일 뿐이지만, 어떤 동물에게는 생존에 꼭 필요한 소중한 음식일 수도 있습니다.

일단 알아두면 교양 있어 보이는 과학 용어

- **박테리아:** 생물체 중 가장 미세한 단세포 생활체. 다른 생물체에 기생해 병을 일으키기도 하고 발효나 부패 작용을 해 생태계의 물질 순환에 중요한 역할을 한다.

라쿤이 솜사탕을 씻어 먹은 충격적인 이유는?

판다처럼 눈가에 검은 무늬가 있고, 꼬리의 줄무늬가 인상적인 라쿤. 너구리와 비슷한 모습이라 구분이 잘 되지 않지만, 너구리는 갯과, 라쿤은 아메리카너구리과로 엄연히 다른 동물입니다. 특히 라쿤은 음식을 씻어 먹는 동물로 유명하죠. 솜사탕을 물에 씻으려다 솜사탕이 감쪽같이 사라져서 당황한 라쿤의 모습을 인터넷에서 쉽게 찾아볼 수 있습니다.

라쿤은 쥐나 물고기, 벌레를 먹으며 도토리나 호두 같은 견과류도 좋아하고, 과일도 즐겨 먹는 잡식성 동물입니다. 이들은 손에 든 음식을 입에 넣기 전에 씻어 먹는 독특한 행동을 보여줍니다. 라쿤의 학명이 프로키온 로토르Procyon lotor인데, 여기서 로토

르lotor는 라틴어로 '세탁하는 자Washer'를 의미합니다.

라쿤에 대한 연구가 많이 이뤄지지 않았던 과거에는 라쿤이 청결함을 유지하기 위해 음식을 씻어 먹는 것이라고 생각했습니다. 하지만 광견병이나 회충을 옮긴다는 사실이 밝혀진 뒤로 라쿤은 청결과는 거리가 먼 동물로 인식되어 왔습니다. 실제로 라쿤은 음식의 더러운 정도와 상관없이 음식을 씻어 먹는데, 깨끗한 음식을 줘도 더러운 물에 씻고, 마을로 내려와 쓰레기통을 뒤져 음식을 찾기도 합니다. 입안에서 충분한 타액이 나오지 않아 물을 묻혀서 먹는 것이라는 추측도 있었지만, 물이 가까이에 없으면 굳이 씻어 먹지 않는 모습이 발견되면서 이 역시 사실이 아닌 것으로 결론이 났습니다.

귀여운 행동에 숨겨진 라쿤의 예리한 감각

라쿤은 4족 보행을 하지만, 앞발은 손이라고 불러도 될 만큼 정교한 작업이 가능합니다. 사람처럼 자유롭게 움직이지는 못하지만, 5개의 손가락을 가지고 있어서 다른 동물에 비해 물건을 잡고 움직이는 데 능숙합니다. 특히 라쿤의 앞발에는 다른 포유류에 비해 5배나 많은 감각 수용체가 있어서 손에 든 물체의 무게, 크기, 질감, 온도 같은 것을 상세하게 파악할 수 있습니다. 라쿤은 시력이 좋지 않아서 손의 감각으로 먹어도 되는 음식인지 아닌지를 판단합니다. 눈이 아닌 손으로 본다고 말할 수 있죠.

라쿤은 손의 예리한 감각 덕분에 숲, 도시, 물가 등 다양한 환경에서 생존할 수 있다.

그런데 1986년 연구해본 결과, 라쿤의 손이 젖으면 감각 수용체의 민감도가 올라가 물건을 파악하는 능력이 더 극대화된다는 사실이 확인되었습니다. 즉 라쿤은 물체를 씻는 것이 아니라, 손에 든 것이 무엇인지 더 잘 확인하려고 그런 행동을 하는 것이죠. 위험한 음식을 피하려면 최대한 신중하게 파악해보는 것이 좋으니까요. 우리가 무언가를 보려면 빛이 필요한 것처럼, 라쿤은 무언가를 보기 위해서 물이 필요한 것입니다.

물론 라쿤의 손은 예민하기 때문에 꼭 물에 젖지 않아도 지금 들고 있는 것이 무엇인지 대충 알 수 있습니다. 그래서 가까운 곳에 물이 없으면 굳이 물에 넣지 않는 것이죠. 그리고 라쿤은 지능이 굉장히 높습니다. 솜사탕을 처음 접했을 때는 물에 넣었지만, 물에 넣으면 사라진다는 것을 파악한 후에는 주는 대로 그냥 먹었다고 합니다.

일단 알아두면 교양 있어 보이는 과학 용어

- **회충**: 회충과의 기생충으로 몸길이는 15~30cm이다. 사람 몸의 소장에 기생한다.
- **감각 수용체**: 신체 내·외부의 감각 자극을 받아 이를 전기적 자극으로 변환하여 감각 신경 섬유에 전달하는 기관

앵무새는 어떻게
사람의 말을 하는 걸까?

 동물들과 대화를 할 수 있다면 어떨까요? 특히 반려동물과 함께 살고 있다면, 그들이 무엇을 원하고 무엇이 불만인지 알 수 있을 테니 좋은 관계를 맺을 수 있을 것입니다. 앵무새는 사람의 말을 흉내 낼 수 있는 동물로 아주 유명합니다. 실제로 의사소통이 되는 것인지는 알 수 없지만, 울음소리만 내는 다른 동물과는 확연히 다르게 다가오는 것이 사실입니다. 앵무새는 어떻게 사람의 말을 할 수 있는 것일까요?

 사람이 말을 할 수 있는 것은 동물과 다른 구강 구조를 가졌기 때문입니다. 사람의 목은 음식물이 통하는 식도와 공기가 통하는 기도로 나뉩니다. 기도 위쪽을 후두라고 부르고, 그 위쪽으

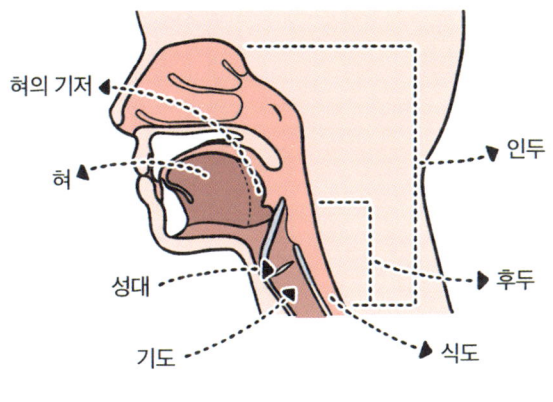

인간의 구강 구조

로 입과 코가 연결된 부분을 인두라고 합니다. 후두의 성대 덕분에 소리를 낼 수 있고, 인두가 긴 덕분에 다양한 음을 낼 수 있습니다. 그리고 혀를 자유롭게 움직일 수 있어서 여러 가지 발음을 할 수 있습니다.

갓난아기는 후두와 혀가 비슷한 높이에 위치해 있고, 인두가 짧아서 말을 잘하지 못합니다. 그래서 옹알이만 하는 것이죠. 아기는 자라면서 점차 후두가 내려가고 인두의 길이가 길어집니다. 그 결과 자연스럽게 말을 할 수 있게 됩니다.

동물들이 말을 하지 못하고 울음소리만 내는 것도 후두와 혀가 비슷한 높이에 있고 인두가 길지 않기 때문입니다. 갓난아기가 말을 하지 못하는 것도 아기의 지능과는 별다른 관련이 없다고 합니다. 따라서 지능이 아무리 높은 동물이라고 하더라도 사람처럼 말하는 것은 구조적으로 불가능합니다. 심지어 사람이 지금의 기억과 지능을 그대로 가진 채로 동물이 된다고 해도, 말은 할 수 없게 됩니다. 인간이 말을 하는 것은 지능의 문제가 아니라 구조의 문제인 것이죠.

인간의 발음을 복사하는 앵무새의 비밀

앵무새의 뇌에는 노래핵Song Nuclei이라는 부위가 있는데, 이 유전자 덕분에 여러 가지 소리를 기억하고 흉내 내는 것이 가능합니다. 이들은 사람처럼 성대가 있진 않지만, 폐 위쪽의 울대 덕분에 공기의 흐름을 다양하게 바꿔 여러 가지 소리를 낼 수 있습니다. 그래서 다른 동물이나 사물에서 나는 소리를 흉내 낼 수 있는 것이죠. 앵무새는 두꺼운 혀를 자유자재로 움직일 수 있어서 여러 가지 발음이 가능합니다. 그래서 단순히 울음소리를 따라 하는 것이 아니라 사람처럼 말할 수 있는 것입니다.

앵무새의 IQ는 약 30, 즉 2~3살 아이 정도로 다른 새에 비하면 아주 높지만 사람에 비하면 그리 높은 편은 아닙니다. 그래서 사람의 말이 무슨 뜻인지는 이해하지 못합니다. 사람과 대화하는 것이 아니라, 그냥 주변의 소리를 흉내 내는 것일 뿐이죠. 하지만 일부 학자들은 앵무새 중 가장 똑똑한 것으로 알려진 회색 앵무새가 사람의 말을 이해할 수 있다고 주장합니다.

　모든 종류의 앵무새가 사람의 말을 따라 하는 것은 아니며, 앵무새 외에도 까마귀나 구관조 역시 말을 따라 할 수 있습니다. 언젠가 앵무새의 지능이 지금보다 더 높아져 사람의 말을 완벽하게 이해하고 구사할 수 있는 수준이 된다면, 사람과 동물이 대화할 수 있도록 통역을 해줄 수도 있지 않을까요?

장례식을 치르는 동물들이 있다고?

인간은 영원히 살 수 없습니다. 누구든 언젠가 죽습니다. 죽는다는 것은 참 슬픈 일입니다. 특히 가족이나 친척, 지인처럼 가까운 이들이 세상을 떠나면 그 슬픔은 더 깊어지죠. 그래서 우리는 사랑하는 이를 잘 떠나보내고, 남은 이들의 슬픔을 조금이나마 달래기 위해 장례식을 치릅니다.

영원히 살 수 없는 것은 동물도 마찬가지입니다. 그들도 가족이나 친척, 동료와 함께 어울려 살아가며, 그들만의 사회를 이루고 있습니다. 그렇다면 야생동물도 동족이 죽었을 때 우리처럼 장례식을 치르는 문화가 있을까요?

죽음을 대하는 동물들의 신기한 행동

　누군가 죽었을 때 시신을 땅에 묻어주는 행위는 네안데르탈인 시대부터 있었던 것으로 알려져 있습니다. 장례식이라는 의식은 현생인류가 등장하기 전부터 존재했던 셈이죠. 네안데르탈인은 약 50만 년 전에 살았으며, 동물은 이들보다 훨씬 이전부터 지구에 존재해왔습니다. 문명이 발달하지 않았던 시기에도 장례를 치렀다면, 동물들 역시 장례와 비슷한 행위를 해왔을 가능성이 있습니다. 물론 인간처럼 체계적인 절차가 있는 것은 아니지만, 저마다의 방식으로 동족의 죽음을 애도하는 모습을 보입니다.

　까마귓과에 속하는 어치는 죽은 동족을 발견하면 여기저기 돌아다니며 운다고 합니다. 다른 이들에게 동족의 죽음을 알리는

장례 행동을 보인다고 알려진 유라시아어치

것이죠. 그러면 다른 어치도 날아와 죽은 어치를 지켜보거나 울면서 애도하고 이틀 동안 먹이를 먹지 않습니다.

똑똑한 동물로 알려진 까마귀 역시 동족이 죽으면 주변에 모여 슬퍼하는데, 반짝이는 것들을 가져와 죽은 동족 옆에 두기도 합니다. 만약 동족이 인간에 의해 죽으면 다른 까마귀들은 그 인간의 얼굴을 영원히 기억한다는 이야기도 있습니다.

코끼리는 동족이 죽으면 잎이나 흙, 나뭇가지를 가져와 덮어 주고 그 주위에 조용히 머뭅니다. 더욱 놀라운 것은 죽은 동족의 뼈를 발견하면 코로 만지고 냄새를 맡으며 오랫동안 머무른다는 점입니다. 특히 새끼 코끼리가 죽으면 어미 코끼리는 며칠 동안 시신을 떠나지 않고 지키려 한다고 알려져 있죠.

영국의 〈야생의 스파이〉라는 다큐멘터리에서는 원숭이 인형을 가지고 죽음에 관한 실험을 진행했습니다. 인형이 나무에서 떨어진 뒤 움직이지 않자, 원숭이들은 인형이 죽은 것으로 판단해 주변에 모여들어 애도하는 모습을 보였습니다.

물론 동물들의 이런 행동이 장례가 아닌 생존을 위한 행동이라고 보는 학자들도 있습니다. 죽은 동물 옆에 모여드는 이유는 그 동물이 왜 죽었는지 분석하기 위해서라는 것이죠. 특히 어치가 이틀 동안 굶는 이유는 무엇을 먹고 죽었는지 모르기 때문에 위험 상황을 차단하기 위함이라는 의견이 있습니다.

우리는 동물의 언어를 이해할 수 없기 때문에 그들의 행동이 정말 장례를 치르는 것인지 알 수 없습니다. 하지만 최근 동물행

동학 연구에 따르면 동물들도 인간과 유사한 감정을 경험할 수 있다고 합니다. 특히 코끼리, 영장류, 돌고래 같은 고등동물들은 뇌의 감정을 담당하는 부위가 발달해 슬픔, 기쁨, 분노 등의 감정을 느낄 수 있다는 연구 결과들이 나오고 있습니다. 동물 역시 슬픔이라는 감정을 느낄 수 있다고 하니, 아마 그들 나름대로 누군가의 죽음에 대해 슬퍼하고 있는 건 아닐까요?

일단 알아두면 교양 있어 보이는 과학 용어

- **네안데르탈인**: 1856년 독일 네안데르탈의 석회암 동굴에서 머리뼈가 발견된 화석인류. 제4빙하기에 살아 있었던 것으로 추측하며, 지금의 인류와 유인원의 중간 형질로 유럽 각지와 소아시아에서도 발견되었다.
- **영장류**: 영장목에 속하는 포유류로 가장 고등한 동물이다. 인간을 포함해 원숭이, 침팬지, 고릴라 등의 유인원이 여기에 해당한다.

고양이는 왜 상자를 좋아할까?

　야생 고양이가 가축화된 것은 신석기시대부터로 알려져 있습니다. 본격적으로 키우기 시작한 것은 약 5,000년 전으로, 고대 이집트에서 곡식을 훔쳐 먹는 쥐를 잡기 위해서였다고 하죠. 고양이는 개에 비해 조용한 특징을 가지고 있습니다. 항상 그루밍을 하기 때문에 청결하고, 무엇보다 귀여운 얼굴로 귀여운 행동을 하기 때문에 많은 사람이 좋아하는 동물입니다. 또 높은 곳과 상자를 아주 좋아하는 것으로도 알려져 있죠. 고양이를 위해 물품을 샀더니, 물품에는 관심이 없고 상자에만 관심이 있더라는 이야기는 고양이 집사라면 모두 공감할 것입니다. 도대체 고양이는 왜 상자를 좋아하는 것일까요?

고양이의 택배 상자 활용법

현재 고양이는 대표적인 반려동물로 자리 잡고 있어서 인간과 함께 사는 동물, 인간에 의해 길러지는 동물로 인식되지만, 원래 야생동물이기 때문에 야생의 습성을 그대로 가지고 있습니다. 야생에서는 언제 위험이 닥칠지 모르기 때문에 몸을 숨길 장소를 찾는 것이 아주 중요합니다. 고양이는 스트레스를 받으면 스트레스의 원인을 직접 해결하려고 하기보다, 도망치거나 회피하려는 습성을 가졌습니다. 고양이가 보기에 상자는 스트레스를 피할 수 있고 몸을 숨길 수 있는 가장 완벽한 장소이기 때문에 상자를 보면 일단 들어가고 보는 것이죠.

실제로 한쪽 집단의 고양이에겐 상자를 제공해주고, 다른 쪽 집단의 고양이에겐 상자를 제공해주지 않았을 때의 스트레스 수

치를 조사해봤는데, 상자를 제공받은 고양이 집단의 스트레스 수치가 더 낮았습니다. 고양이는 사방이 막혀 있는 비좁은 공간에 들어가기도 하는데, 이것 역시 일단 숨고 보려는 고양이의 습성 때문인 것입니다.

또 고양이는 육식동물이기 때문에 사냥을 통해 먹잇감을 구해야 합니다. 사냥을 하려면 은신해야 하는데 상자는 은신하기에 아주 완벽한 장소입니다.

연구에 따르면 고양이가 가장 쾌적함을 느끼는 온도는 30~36도 정도로, 사람이 쾌적함을 느끼는 온도보다 더 높습니다. 즉 집은 고양이가 느끼기에 약간 쌀쌀하기 때문에 열 보존이 더 잘 되는 아늑한 상자로 들어가는 것입니다. 또한 고양이는 자신의 영역 안에서 활동하는 것을 좋아합니다. 상자는 누구에게도 방해받지 않는 고양이만의 공간이기 때문에 상자를 좋아하는 것이죠.

정리하자면 고양이에게 상자는 스트레스를 해소하기에도 좋고, 몸을 숨길 수도 있고, 사냥을 위한 은신처가 되어주고, 체온을 유지하면서 휴식할 수 있는 가장 완벽한 공간입니다. 이와 같은 이유로 호랑이나 사자, 표범 같은 고양잇과 동물들도 상자를 좋아한다고 합니다.

미어캣은 우뚝 서서 대체 뭘 보는 걸까?

30센티미터 정도 되는 키에 몸무게가 1킬로그램 정도밖에 되지 않는 작은 동물, 미어캣. 미어캣은 남아프리카에서 주로 발견되며 20~30마리씩 무리 지어 사는 것으로 알려져 있습니다. 무리의 우두머리는 가장 공격적이고 가장 강한 암컷이 차지합니다. 무리에서 새끼를 낳을 수 있는 건 오직 여왕뿐인데, 만약 다른 암컷이 임신하면 여왕은 그 암컷을 무리에서 쫓아낸다고 합니다. 쫓겨난 암컷은 영양분을 잘 섭취하지 못해 에너지 부족과 스트레스로 유산하는 경우도 있으며, 그렇게 유산한 미어캣은 다시 무리로 돌아오기도 합니다. 무리에 속한 미어캣들은 무리를 지키고 여왕의 새끼를 함께 돌보며 살아갑니다.

미어캣은 나무가 거의 없고, 시야가 탁 트인 짧은 풀밭을 선호합니다. 그런데 이렇게 숨을 곳이 마땅치 않은 열린 공간에서 활동하면, 눈에 잘 띄고 포식자가 나타났을 때 피하기 어려워 쉽게 사냥당할 수 있습니다. 미어캣의 천적 중 하나인 수리는 단 한 번의 비행으로도 미어캣의 위치를 파악할 수 있기 때문에 특히 더 조심해야 하는 존재입니다. 미어캣은 전갈 독에 면역이 있어서 전갈을 먹으며, 쥐나 곤충, 작은 뱀 등도 먹이로 삼습니다.

일부의 미어캣이 먹이를 구하러 나가면 다른 일부는 새끼를 돌보고, 또 다른 일부는 밖으로 나가 특유의 자세로 주변을 살핍니다. 허리를 쭉 펴고 두 발로 서서 최대한 멀리, 최대한 많은 것을 보기 위해 집중합니다. 그러다 갑자기 사냥 중인 미어캣을 노리는 포식자가 나타나면, 감시하던 미어캣이 위험을 알리는 신호를 보냅니다. 신호를 받은 미어캣들은 재빨리 굴로 돌아와 안

전해질 때까지 기다립니다. 그리고 포식자가 떠나면 다시 밖으로 나와 먹이를 찾습니다. 즉 미어캣이 이렇게 두 발로 우뚝 서 있는 이유는 포식자를 감시하기 위해서입니다. 그래서 미어캣은 '사막의 파수꾼'이라고 불립니다.

똑똑한 까마귀의 사냥법

 겨울이 되면 먹이를 찾는 것이 힘들어집니다. 이것은 남아프리카에 사는 바람까마귀 역시 마찬가지입니다. 미어캣 무리가 먹이를 구하러 나오면 바람까마귀는 가만히 그것을 지켜봅니다. 그러다 미어캣을 위협하는 동물이 나타나면 미어캣에게 위험하다는 신호를 보내 도망칠 수 있도록 도와줍니다. 포식자의 존재를 확인한 미어캣은 재빠르게 굴로 도망칩니다. 바람까마귀 덕분에 미어캣은 목숨을 건질 수 있겠죠. 이렇게 미어캣과 바람까마귀 사이에는 신뢰가 형성됩니다.

 안전을 확인한 미어캣은 다시 먹이를 구하러 나옵니다. 그러다 한 미어캣이 먹이를 찾아냅니다. 그런데 그 순간, 바람까마귀가 다시 위험하다는 신호를 보냅니다. 찾아낸 먹이가 아깝지만 목숨이 더 소중하기 때문에 미어캣은 먹이를 버리고 재빨리 굴로 도망칩니다. 이때 미어캣이 찾아낸 먹잇감을 바람까마귀가 재빠르게 낚아챕니다. 무언가 이상함을 느낀 미어캣이 주변을 둘러보지만 포식자는 없습니다. 미어캣은 바람까마귀에게 속았습니다. 미어캣이 찾은 먹이를 독차지하기 위한 바람까마귀의 사기 행각이었던 것이죠. 처음에 도와준 것도 미어캣을 완벽하게 속이기 위한 노림수였습니다.

속은 것이 분하지만 할 일은 해야 합니다. 미어캣은 다시 먹이를 찾으러 나옵니다. 그러다 한 미어캣이 먹이를 찾아낸 순간 바람까마귀는 또다시 위험하다는 신호를 줍니다. 하지만 이제 미어캣은 속지 않죠. 그런데 그때, 파수꾼 미어캣의 신호가 들립니다. 이번에도 역시 먹이를 버리고 재빨리 굴로 도망칩니다. 그리고 역시나 미어캣이 찾아낸 먹잇감은 바람까마귀가 낚아챕니다. 평범한 신호로 미어캣을 속일 수 없음을 깨달은 바람까마귀가 이번에는 파수꾼 미어캣의 신호를 흉내 낸 것입니다. 미어캣은 또 바람까마귀에게 속았습니다.

바람까마귀는 미어캣을 이렇게 한두 번 속인 다음 안전을 위해 다른 미어캣이 있는 곳으로 도망친다고 합니다. 화난 미어캣들이 무리로 공격해오면 위험에 빠질 수 있거든요. 새로운 곳에 도착한 바람까마귀는 또다시 같은 방식으로 사기를 칩니다. 놀랍게도 바람까마귀는 하루 식량의 20퍼센트를 이런 속임수를 통해 얻는다고 합니다.

미어캣은 낮에는 밖에서 활동하고 밤에는 굴속으로 들어갑니다. 굴에서 밤을 보내면 체온이 떨어지기 때문에 낮에는 밖으로 나와 햇볕을 쬐며 몸을 녹입니다. 미어캣의 배에는 털이 적어서

특히 추위에 취약하므로, 배에 햇볕을 최대한 받기 위해 두 발로 우뚝 서서 허리를 쭉 펴는 자세를 취하기도 합니다.

참고 문헌

딸꾹질을 멈추는 가장 획기적인 방법은?
- M Odeh, 《Termination of intractable hiccups with digital rectal massage》, 1365-2796, 1990
- F M Fesmire, 《Termination of intractable hiccups with digital rectal massage》, 0196-0644, 1988

교정기를 하면 어떤 원리로 이가 가지런해질까?
- 김갑순, 《Development of 6-component Force/Moment Calibration Machine》, 127-134, 1998

라식, 라섹을 하면 어떻게 시력이 다시 좋아지는 걸까?
- Wook Kyum Kim, 《Comparison of Postoperative Results of One Day Laser-assisted in-situ Keratomileusis, Laser-assisted Sub-epithelial Keratectomy Surgery, and Conventional Surgery》, 2018

계속 물구나무서기를 하고 있으면 어떻게 될까?
- 한숙희, 《Kinematic Analysis on Forward Roll in Leaning Position after Performing Floor Exercise Handstand》, 1409-1420, 2012
- Seung-Hwan Jung, 《Inversion Table Fall Injury, the Phantom Menace: Three Case Reports on Cervical Spinal Cord Injury》, 2021

내시경을 할 때 제거하는 용종이란 대체 뭘까?
- 이희주, 《Using Simulation to Predict the Number of Recovery Bed and Waiting Time as Increasing Client for Sleep Endoscopy Check in Health Service Center》,

35-42, 2010
- Min Jung Kwon, 《Risk Factors for Delayed Post-Polypectomy Bleeding》, 160-165, 2015

머릿속 해마를 제거하면 어떻게 될까?
- Jacopo Annese, 《Postmortem examination of patient H.M.'s brain based on histological sectioning and digital 3D reconstruction》, 2014
- David G Amaral, 《The analysis of H.M.'s brain: A brief review of status and plans for future studies and tissue archive》, 52-57, 2024

산소가 없으면 식물로 변하는 동물이 있다고?
- Amal Ahmed, 《벌거숭이 두더지쥐로 죽음을 정복하려는 구글》, 24-25, 2018

물 없이 30년을 생존하는 지구 최강 생명체는?
- 김지훈, 《완보동물이 우리에게 알려주는 것》, 28-33, 2024
- 김지훈, 《극한환경 생존의 대명사, 완보동물을 통한 극지연구》, 7-9, 2024

펭귄은 어떻게 동상에 걸리지 않는 걸까?
- 박진영, 《THE EVOLUTION OF PENGUINS》, 37-44, 2014

카멜레온은 어떻게 몸 색깔을 마음대로 바꾸는 걸까?
- Junpu Wang, 《No-Go Theorems for Generalized Chameleon Field Theories》, 2012

전기뱀장어가 화나면 물속 생물들은 다 죽을까?
- 박정열, 《나노구조물의 자기조립화를 이용한 고용량 나노전기수력학》, 48-52, 2017

동물인데 광합성을 한다고?
- Huimin Cai, 《A draft genome assembly of the solar-powered sea slug Elysia chlorotica》, 2019

넙치의 얼굴은 어쩌다 이 모양이 되었을까?
- Matt Friedman, 《The evolutionary origin of flatfish asymmetry》, 2008

애벌레가 뱀으로 변신한다고?
- Thomas John Hossie, 《Defensive posture and eyespots deter avian predators from attacking caterpillar models》, 383-389, 2013

날치는 왜 굳이 하늘을 나는 걸까?
- 박양성, 《Studies on the Larvae and Juveniles of Flying Fish, Prognichthys agoo (Temminck et Schlegel) Pisces, Exocoetidae Ⅱ. Osteological Development of Larvae and Juveniles》, 447-456, 1987

판다의 눈에 얼룩이 있는 놀라운 이유는?
- Eveline Dungl, 《Discrimination of face-like patterns in the giant panda (Ailuropoda melanoleuca)》, 2008
- Tim Caro, 《Why is the giant panda black and white?》, 657-667, 2017

고래가 바다 전체를 먹여 살린다고?
- Paulo Y. G. Sumida, 《Deep-sea whale fall fauna from the Atlantic resembles that of the Pacific Ocean》, 2016
- J Aguzzi, 《Faunal activity rhythms influencing early community succession of an implanted whale carcass offshore Sagami Bay, Japan》, 2018

산 중턱의 연못에는 어떻게 물고기가 있을까?
- Adam Lovas-Kiss, 《Experimental evidence of dispersal of invasive cyprinid eggs inside migratory waterfowl》, 2020

왜 바다거북은 암컷만 태어나고 있을까?
- Chutian Ge, 《The histone demethylase KDM6B regulates temperature-dependent sex determination in a turtle species》, 645-648, 2018
- Michael P. Jensen, 《Environmental Warming and Feminization of One of the

Largest Sea Turtle Populations in the World》, 154-159, 2018

벌집이 육각형인 과학적인 이유는?
- 이경원, 《Prediction of Shielding Effectiveness in Honeycomb Structure Using the Modified Design Equation》, 862-871, 2005

절대 죽이면 안 되는 모기가 있다고?
- 김태규, 《희귀종 광릉왕모기의 국내 분포지 추가 확인 및 생태특성》, 42, 2016

매미는 자기 울음소리가 시끄럽지 않을까?
- Kyong-seok Ki, 《Environmental Factors Affecting the Start and End of the the Cicada`s Calla》, 46, 2016

인간보다 수학을 잘하는 동물이 있다고?
- Scarlett R. Howard, 《Numerical ordering of zero in honey bees》, 1124-1126, 2018

초파리는 어디서 계속 생겨나는 걸까?
- Mark D. Adams, 《The Genome Sequence of Drosophila melanogaster》, 2185-2195, 2000

조개는 어떻게 진주를 만들어내는 걸까?
- 서진형, 《The Quality Characteristic of Pearls Produced at Pearl oyster, Pinctada fucata cultured in Tongyeong》, 245-254, 2012
- 장영진, 《Effect of Water Temperature on the Egg Development of Pearl Oyster, Pinctada fucata martensii and Pacific Oyster, Crassostrea gigas》, 559-564, 2000

스컹크의 방귀 냄새는 얼마나 지독할까?
- Daniel Engber, 《[FYI_For Your InFormatIon] Q: 스컹크도 자신의 분비물 냄새를 싫어할까?》, 72-73, 2016

물고기는 떼는 왜 서로 부딪히지 않을까?
- 박정근, 《Development of fish side line imitation water flow measurement sensor》, 340-341, 2019
- 박소진, 《Fish Carves a Sideways Line》, 72-75, 2023

라쿤이 솜사탕을 씻어 먹은 충격적인 이유는?
- 노승현, 《[동물 연재글] 너구리와 라쿤, 사실은 이렇게 다릅니다》, 58-61, 2025

미어캣은 우뚝 서서 대체 뭘 보는 걸까?
- 이장춘, 《미어캣》, 81-84, 2025
- Robin A. Smith, 《'Mean girl' meerkats can make twice as much testosterone as males》, 2016

이미지 출처

p.60 불멸의 홍해파리 shutterstock_2498955489

p.75 남극에 서식하는 황제펭귄 shutterstock_2611829697

p.92 나뭇잎을 닮은 푸른민달팽이 shutterstock_2381709027

p.98 다이빙하는 붉은여우 shutterstock_412184455, shutterstock_412184446

p.102 단순한 색과 화려한 색 와충강 shutterstock_2591144197, shutterstock_2074358611

p.108 바닥에 누워 생활하는 넙치 shutterstock_1292326111

p.138 수면 위로 뛰어오르는 날치 shutterstock_1259404735

p.147 박쥐의 다리와 날개 shutterstock_2557858691, shutterstock_2315817059

p.154 어안렌즈로 본 수면 위 shutterstock_1663976476

p.166 동물의 똥을 옮기는 소똥구리 shutterstock_2305131849

p.174 호주 침입종인 굴토끼 shutterstock_2489992027

p.185 하르당에르비다 국립공원 shutterstock_2257496445

p.191 도도새의 추정 모습 shutterstock_1301615152

p.197 바다를 누비는 붉은바다거북 shutterstock_2530870631

p.200 빅토리아 호수의 전경 shutterstock_770223190

p.228 사람의 피를 빨지 않는 광릉왕모기 shutterstock_111886151

p.232 마른나무흰개미의 습격을 받은 목조 건물 천장 shutterstock_2637808093

p.251 현미경으로 본 나방의 날개 shutterstock_2581061967

p.269 꼬리를 치켜든 방울뱀 shutterstock_2371821281

p.273 물고기의 옆줄 shutterstock_436078990

p.281 어미 코알라와 새끼 코알라 shutterstock_1775285120

p.284 손을 내미는 라쿤 shutterstock_1265582272

p.291 유라시아어치 shutterstock_2458308979

그 외의 본문 사진 ©Wikipedia

이상한 과학책

초판 1쇄 발행 2025년 11월 10일
초판 9쇄 발행 2025년 12월 12일

지은이 김진우
펴낸이 이경희

펴낸곳 빅피시
출판등록 2021년 4월 6일 제2021-000115호
주소 서울시 마포구 월드컵북로 402, KGIT센터 19층 1906호

ⓒ 김진우, 2025
ISBN 979-11-994917-1-7 (03470)

- 인쇄·제작 및 유통상의 파본 도서는 구입하신 서점에서 바꿔드립니다.
- 이 책의 전부 또는 일부 내용을 재사용하려면 반드시 사전에
  저작권자와 빅피시의 서면 동의를 받아야 합니다.
- 빅피시는 여러분의 소중한 원고를 기다립니다. bigfish@thebigfish.kr